世界が語る零戦

「侵略の世界史」を
転換させた
零戦の真実

吉本 貞昭

ハート出版

世界が語る零戦

はじめに

本書は、支那事変から大東亜戦争にかけて、日本海軍航空隊の主力戦闘機として戦い抜いた零戦の誕生と、その栄光の記録である。

昭和十五年七月二十四日に誕生した零戦は、その驚異的な戦闘能力から連合国の搭乗員から〝ゼロ・ファイター〟と恐れられた。

そして今日においても、世界各国の航空博物館などで約三十機が保存され、国の内外で語り継がれているような戦闘機は、世界で零戦をおいて他にはないであろう。

このため戦後の日本には、零戦を描いた書物や映画はおびただしいが、零戦に対して偏見を持つことなく、その真価を正しく評価しているものはあまりにも少ないし、中には作り話が定説となっているものさえある。

その理由は、わが国の歴史教科書を見てもわかるように、「執筆者たちに共通した、かつ一貫した歴史観が乏しい」からだと思われる。

言い換えれば、戦後、大東亜戦争の歴史的意義が不当にも、過小評価されていることにあると思う。では、大東亜戦争とは、いかなる戦争であったのだろうか。

旧社会党委員長の村山富市元首相は平成七年八月十五日に、「大東亜戦争は、アジアに対する侵略行為だった」とする談話を発表したが、この戦争の誘因の一つは、連合国軍最高司令官マッカーサー元帥が回想記で指摘しているように、「日本がルーズベルト大統領による経済制裁をおそれたことにあった」ことは明らかである。

昭和十六年十二月八日、日本は、自存自衛と大東亜共栄圏の理想を実現するべく、日本を戦争に追い込んだ西欧列強に立ち向かったが、これは十三世紀末に「元寇」がアジアと西欧列強に与えた衝撃とは、質を異にする衝撃をもたらしたのである。

後に、フランス第五共和政の初代大統領となるドゴール将軍が日記の中で、「シンガポールの陥落は、白人植民地主義の長い歴史の終焉を意味する」と記しているように、わが日本軍による西欧列強の植民地支配の崩壊は、白人植民地主義の長い歴史の終わりを告げる劇的な晩鐘であった。

この大東亜戦争で大活躍した零戦が誕生するのは昭和十二年七月七日に勃発した支那事変の

ときであったが、その後、中国側によって停戦協定が破られ、次第に戦乱の渦中へと日本は巻き込まれていくのである。

日本海軍の陸攻隊は、中国の奥地へ逃げ込む敵を追って爆撃を繰り返すが、航続距離の短い九六式艦戦では掩護ができないため、陸攻隊は敵機に撃墜されて大損害をこうむっていた。

やがて、零戦が試作を終えて前線に配備されると、昭和十五年九月十三日に陸攻隊とともに長躯重慶を空襲し、空中退避中のソ連製の戦闘機、イ15とイ16の二十七機を全機撃墜して初戦果をあげるが、零戦隊は昭和十六年八月末をもって、台湾や日本に引き揚げ、来たるべき、ハワイの真珠湾攻撃に備えていくのである。

英国の航空記者マーチン・ケイディンが、その著書で、

「太平洋とアジアにおける第二次世界大戦は、日本軍の零戦の〝つばさ〟の下で」始まるのである。「この戦争の第一日にアメリカは、太平洋戦域における全航空兵力の三分の二をうしなった。日本海軍のパールハーバー奇襲は、フィリピンにたいする増援基地としてのハワイの地位を、抹殺することに成功した。米太平洋艦隊は、その機能をうしない、航空兵力も壊滅的打撃をうけた。

日本に、おどろくべき成功をもたらした巨大な日本軍の全戦力のなかで、一つだけとりあげるとすれば、零戦ほど重要なものはなかった。

実際、日本のカケは、一つの前提にかかっていたのである。すなわち、三菱がつくった流線形の新しい戦闘機、零戦が、反撃してくる連合軍のどんな飛行機でも、迅速に、確実に打ち負かすことができるということを、あてにしていたのだ。

もし日本軍が零戦のすすむところ、つねに制空権のカサをつくることができるならば、広大な戦線での攻撃成功は、まったく疑いの余地はないであろう。零戦は、期待されたことを、いやそれ以上のことをやってのけた」

と述べているように、中国戦線で華々しいデビューを飾った零戦は昭和十六年十二月八日に、米太平洋艦隊の基地、ハワイ・オアフ島の真珠湾を攻撃すると同時に、台湾からも出撃して、フィリピンの米軍基地を攻撃し、世界初の長距離渡洋爆撃の掩護に成功するのである。

さらに零戦は、「西はインド洋の東半、北はアリューシャン、南はオーストラリアに至る広大な舞台を制圧し、緒戦の勝利をひとり占め」するのであるが、これを可能にさせたのは、元零戦搭乗員の坂井三郎氏が、「私たち零戦パイロットが九六艦戦から零戦に乗り換えたとき、もっとも心強く感じたのは、武装や空戦性能よりも、これまでの二倍以上という長大な航続力であった」と述べているように、零戦には信じられないような航続能力があったからである。

だからこそ、わが日本軍は、後にアジア諸国を西欧列強の植民地支配から解放して、アジア諸国を独立に導いていくことができたのである。

一般に、「大東亜戦争とは日本海軍機の盛衰によって彩られた戦史である」と言われているが、元零戦搭乗員で、戦記作家の豊田穣氏（元海軍中尉）も、次のごとく零戦の性能を讃えているように、まさに「大東亜戦争とは零戦の性能に依存して戦われた戦争である」と言っても過言ではないだろう。

「零戦は、太平洋戦争の全期を通じて大きな働きをしているが、そのなかでもっとも特筆されてよいと思われるのは、ソロモンの戦闘で、連日のように行われた航空決戦である。

この戦闘で、零戦は、あるときは一式陸攻や九九艦爆の掩護に、あるときは、戦闘機だけで制空戦に、ラバウルからガダルカナルまで、往復千五百マイル、八時間という長時間飛行を増槽のバックアップで続行したのである。戦闘機でありながら攻撃機より長い航続距離をもち、しかも、向こうで空戦をして帰ってくるのである。これは、まさに史上最高の傑作機であったといっても差し支えあるまい」

本書では、従来の技術を中心とする「零戦論」とは違って、大東亜戦争で、日本軍が西欧列強による「侵略の世界史」を転換させる上で、零戦がどのような役割を果たしたのかを検証し、また零戦が残した技術的、世界史的な遺産が戦後の日本と世界で、どのように生かされているのかを検証している。

このため、著者は、本書の中で日本と世界の戦術思想に大きな影響を与えるとともに、無敵の名をほしいままにした零戦が、単に空戦性能に優れた戦闘機ではなく、日本軍が西欧列強による「侵略の世界史」を転換させる上で、大きな役割を果たした戦闘機であることを論証したが、零戦の設計主任である堀越二郎氏が、以下で述べているように、決して零戦は一夜にして誕生したものではないのである。

「ハワイ攻撃機動部隊が、一九四一年〔昭和十六年〕十二月にパールハーバーを奇襲していらい、世界航空界での〝解かれざるナゾ〟の一つは、日本のある軍用機の出現であった。太平洋戦争のあいだ日本にいたわれわれにも、連合軍側の零戦にかんする種々の情報がはいってきた。これらと、戦後あきらかになったことで、この戦闘機の出現が、米国はじめ連合軍側を完全におどろかせたことを確認した」

だが、「零戦は奇跡によって生まれたものではなく、むしろ血のでるような研究の産物である。この研究あってこそ、零戦は一九四〇年〔昭和十五年〕にはじめて実戦に使用されてから数年間も、敵機に絶対的な優位をかちえたのであった。これをたんなるマネとするのは航空機設計についての無知をしめすものにすぎない」

本書の第一部の第二章でも述べているように、「日本の航空工業界が、多年にわたって外国の設計と、その技術に大きく依存していたことは事実である。この状態は、日本が産業革命をおくれてうけいれたことから必要となったことで」、日本の技術者たちは、「これをできるだけ早く是正しようと努力した」

また「われわれの工業の多くの重要な部門が、いぜんとして外国に依存してはいたが、航空機とその発動機の設計製作、飛行技術、空戦能力では、すでに独自のものをもっていた」ことも事実である。

例えば、「日本は昭和十五年までに、日本独自の設計による小型、中型の航空機と、空冷式発動機では、世界で最高の水準に」達していたが、「この独自の設計への移行は一夜にしてなされたものではなかった。機体や発動機の一部の部品、武装の一部、それに艤装器材の大部分は、外国の技術の進歩においつけない、ということは認めていた。

日本の軍用機の全部が、外国特許を使用した部品や、外国の設計をまねてつくられた計器などを装備していたという事実は否定できない。しかし、機体や発動機の設計に、あるいは飛行技術や空戦技法に新境地をひらいた独創性も、またひとしく、まちがいのない事実である」

昭和十一年から翌年までに、「日本の航空工業は、とくに海軍にかんしては、あきらかに自立した。日本海軍航空の発展は、じつにめざましく、世界の海軍の先頭にたっていた」のである。

また日本海軍航空隊は、「航空戦の歴史ではじめて、長距離戦闘機で、爆撃機を援護して、敵地上空を制圧することをこころみた」が、これは昭和十二年の「支那事変のあいだにおこなわれたことで、このようなやり方が必要であると世界列強がみとめる、はるか以前のことであった」

本書では、このように日本と世界の戦術思想を一変させ、日本軍が西欧列強による「侵略の世界史」を転換させる上で、大きな役割を果たした零戦は、決して外国機の模倣によって生まれた戦闘機でないことも論証している。

だからこそ、零戦は、戦後六十八年を経た「今日になっても、日本ばかりでなく広く世界の人々から賞賛と驚嘆の言葉を寄せられている」のである。

さらに本書では、零戦の長所よりも短所（防御が脆弱である、人命を軽視している）を力説する論調に対して、あらゆる証拠をもって反論を展開している。

ところで、ライト兄弟がアメリカのノースカロライナ州キティホークの砂丘の上で、人類初の有人動力飛行に成功したのは、ちょうど今から一一〇年前のことであった。

人類初の飛行機が誕生した翌年から、日本は、日露戦争、第一次大戦、満州事変、支那事変、そして大東亜戦争へと戦乱の渦中に巻き込まれていくのであるが、特に日本が行った大東亜戦争は、英国の歴史家H・G・ウェルズが、その著書で

「この大戦は西欧の植民地主義に終止符を打ち、白人と有色人種の平等をもたらし、世界連邦の基礎を築いた」

と述べているように、人種平等の世界形成に大きな影響を与えたことを日本人は忘れてはならないし、また零戦を造った日本の技術力が、そのことに大きな影響を与えていることに対し

て、日本人は、もっと強い自信と誇りを持つべきなのである。零戦は、まさに「世界遺産」にふさわしい戦闘機と言っていいだろう。

今年の四月、堀越技師の出身地である群馬県藤岡市で戦後六十八年ぶりに、零戦の後継機である幻の戦闘機「烈風」の図面の一部が発見されて衆目を集めている。

また今年は、零戦の書物が多く刊行され、埼玉県の所沢航空発祥記念館では、十七年ぶりに飛行可能な零戦が公開されるなど、いつになく零戦が脚光を浴びる年になっているようである。

このように、日本においても、七十三年前に誕生した零戦が多くの人々から愛され続けるのは、零戦が単なる技術の結晶ではなく、日本人の自信と誇りを取り戻してくれる「名機」だからであろう。

ここに、謹んで本書を先の大戦で散華した全ての零戦搭乗員に捧げたいと思う次第である。本書が、頽廃した日本を救う一助となることを祈念して。


平成二十五年七月二十四日（零戦誕生の日に）

著者記す

もくじ

第五章　碧《あお》い眼が見た〝ゼロ・ファイター〟　250

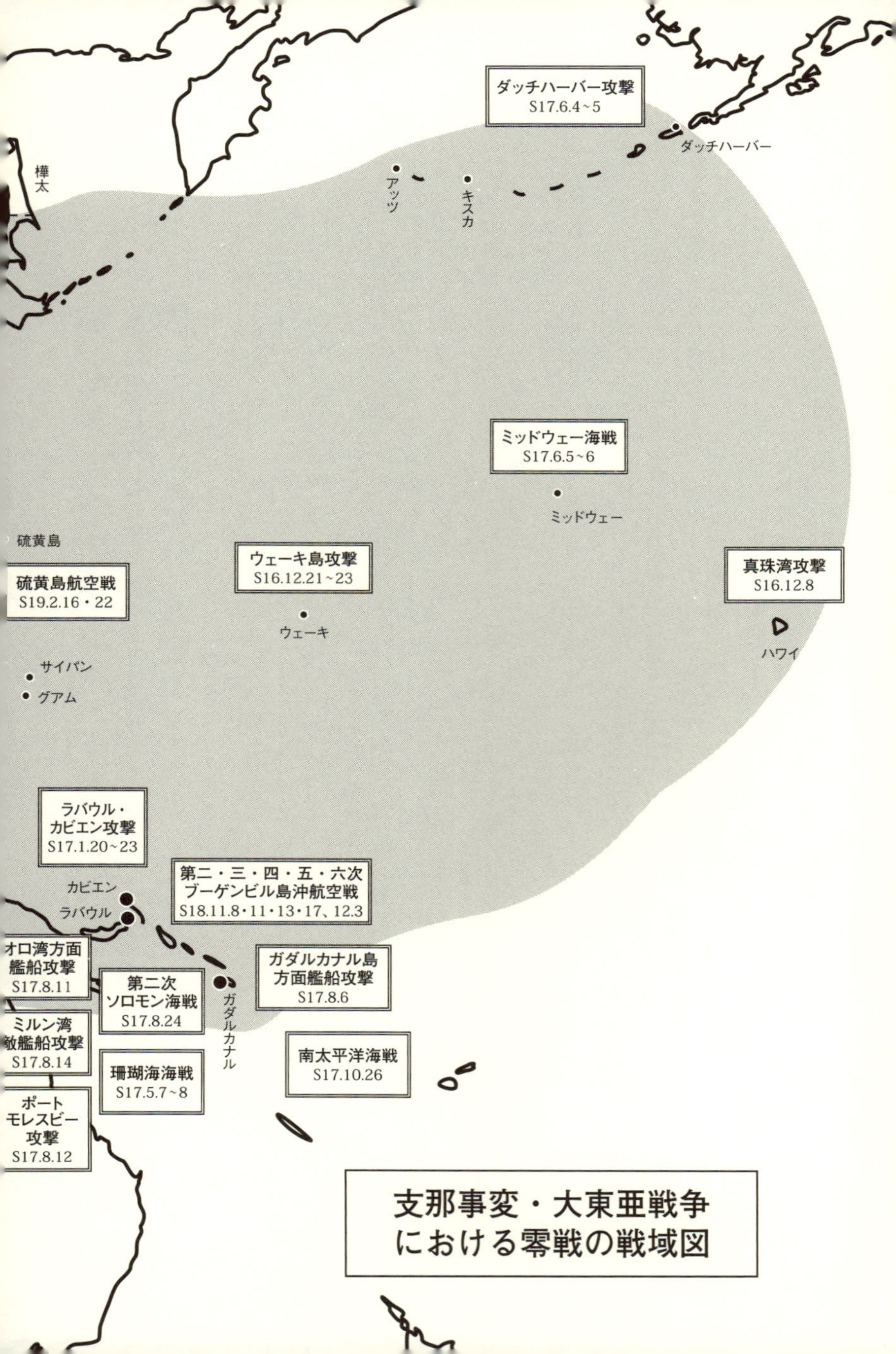
ダッチハーバー攻撃
S17.6.4~5
ダッチハーバー
樺太
アッツ
キスカ
ミッドウェー海戦
S17.6.5~6
ミッドウェー
硫黄島
硫黄島航空戦
S19.2.16・22
ウェーキ島攻撃
S16.12.21~23
ウェーキ
真珠湾攻撃
S16.12.8
ハワイ
サイパン
グアム
ラバウル・
カビエン攻撃
S17.1.20~23
第二・三・四・五・六次
ブーゲンビル島沖航空戦
S18.11.8・11・13・17、12.3
カビエン
ラバウル
オロ湾方面
艦船攻撃
S17.8.11
第二次
ソロモン海戦
S17.8.24
ガダルカナル
ガダルカナル島
方面艦船攻撃
S17.8.6
ミルン湾
敵艦船攻撃
S17.8.14
珊瑚海海戦
S17.5.7~8
南太平洋海戦
S17.10.26
ポート
モレスビー
攻撃
S17.8.12

支那事変・大東亜戦争
における零戦の戦域図

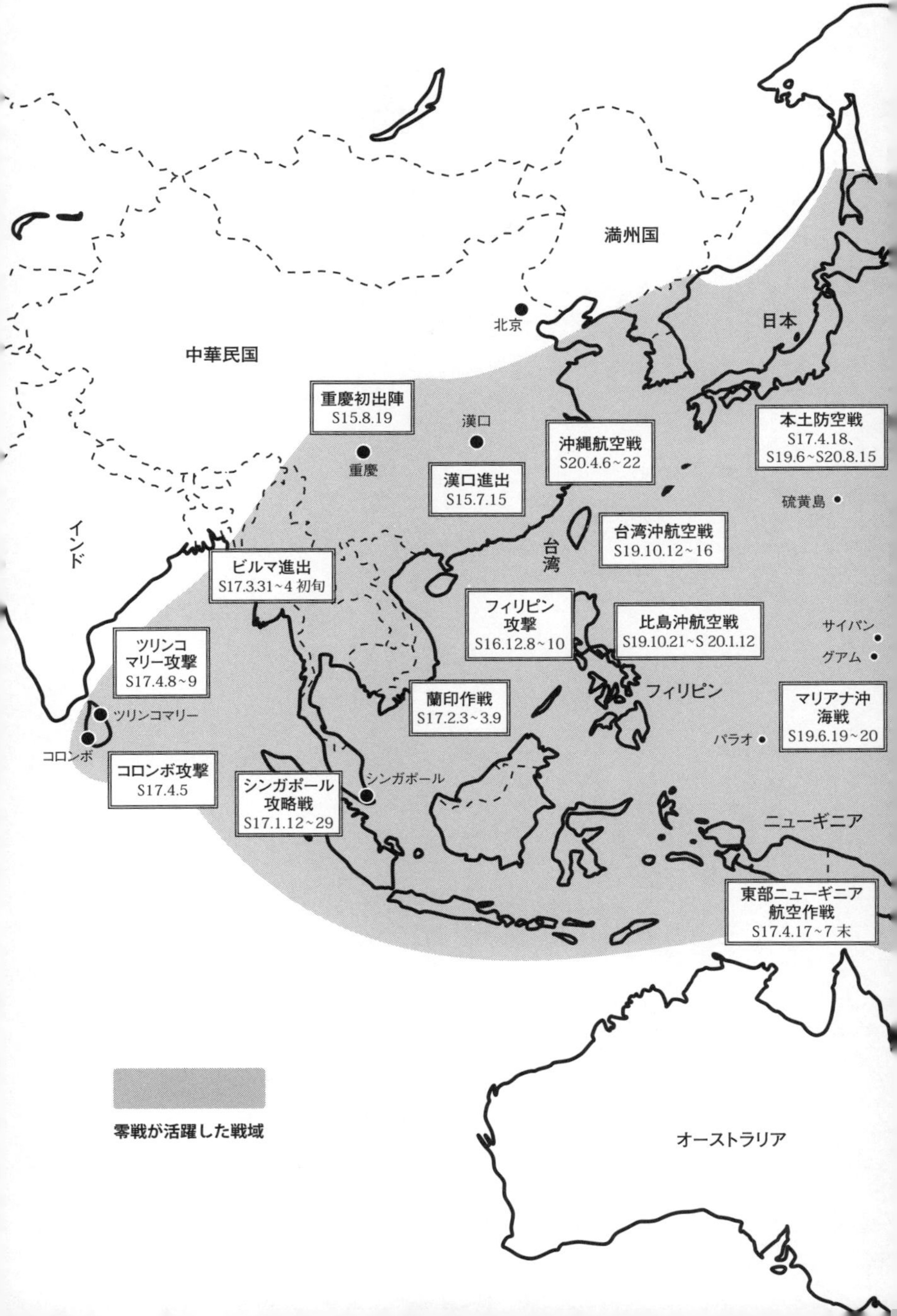
満州国
北京
中華民国
日本
重慶初出陣
S15.8.19
漢口
重慶
沖縄航空戦
S20.4.6～22
本土防空戦
S17.4.18、
S19.6～S20.8.15
漢口進出
S15.7.15
硫黄島
台湾沖航空戦
S19.10.12～16
台湾
インド
ビルマ進出
S17.3.31～4 初旬
フィリピン
攻撃
S16.12.8～10
比島沖航空戦
S19.10.21～S 20.1.12
サイパン
グアム
ツリンコ
マリー攻撃
S17.4.8～9
フィリピン
蘭印作戦
S17.2.3～3.9
マリアナ沖
海戦
S19.6.19～20
ツリンコマリー
パラオ
コロンボ
コロンボ攻撃
S17.4.5
シンガポール
シンガポール
攻略戦
S17.1.12～29
ニューギニア
東部ニューギニア
航空作戦
S17.4.17～7 末
零戦が活躍した戦域
オーストラリア

第一部

日本海軍航空の黎明と零戦の誕生

「靖国神社遊就館の零戦 52 型」
著者撮影（2013.9.16）

第一章　日本海軍航空の黎明からロンドン軍縮条約の締結まで

日本海軍航空の黎明

アメリカのライト兄弟が人類初の有人動力飛行に成功したのは、明治三十六（一九〇三）年十二月十七日であった。この日、弟のオービルが最初に三十六メートルの距離を十二秒で飛行した後、兄弟が交互に搭乗して、合計四回の飛行が行われ、最後の飛行では、二六〇メートルを五十九秒で飛行している。

そして、翌年には一号機を改良して二号機を製作、三年後には旋回が容易で離着陸の衝撃にも耐えられる三号機を製作して実用的な飛行機を完成した。

この飛行機の登場に対して、西欧列強では強い関心と興味が持たれ、飛行機の研究が進んで技術的に急速な進歩と発展を遂げるのであるが、当時の日本は強国ロシアを仮想敵とし、日夜国運を賭けた戦争準備を行っている最中であったため、飛行機に対して関心を払う余裕はなかった。

だが、明治四十年に、「萬朝報《よろずちょうほう》」紙にたびたび報道された外国の「飛行器」の記事を読んだ軍令部参謀山本英輔少佐（後に初代航空本部長）は、熱心に「飛行器」の資料を集めて研究し、二年後の明治四十二年に、海軍戦術の泰斗である、上司の山屋他人《たにん》大佐（後に大将）に、「飛行器に関する意見書」を提出して、「わが国も諸外国に遅れないように、一日も早くこの研究に着手する必要がある」ことを進言した。

日本海軍航空の原点となる、この山本少佐の進言に動かされた斎藤実海軍大臣は寺内正毅陸軍大臣と相談し、後に陸海軍大臣の監督下に臨時軍用気球研究会（陸軍十二名、海軍六名、民間の学者三名の委員で構成、委員長・長岡外史陸軍少将）を創設して、気球、飛行船および飛行機の理論と技術研究を実施した。

しかし、海軍側は、日露戦争の戦訓から海上作戦に適する飛行機（特に、水上機）よりも、気球研究を重視する陸軍側の思想に同調できなかったため、大正九年五月十四日に、同会が廃止されるまで、ほとんどうるものはなかった。

東京・中野の気球隊の中に創設された臨時軍用気球研究会は、その名の示すとおり、その頃の航空機の主力が軽気球であったことから、プロペラと翼で飛行する飛行機というのは、今でいえば、ちょうど火星探査船ぐらい珍しいものであった。

そこで、臨時軍用気球研究会は明治四十二年に、陸軍側の委員だった日野熊蔵陸軍大尉と徳川好敏陸軍工兵大尉を、飛行機の購入と飛行術修得のために、ドイツとフランスに派遣した。二人が帰国すると、十二月十四日から六日間にわたって、東京・代々木練兵場で公開飛行を実施した。

十四日に、ドイツ製のグラーデン式単葉飛行機で初飛行に成功した日野大尉は、予備飛行日の十五日と十六日にも飛行に成功したが、フランス製のアンリ・ファルマン式複葉機に搭乗した徳川大尉の方は、エンジンの故障が続出したため、十九日まで飛行に成功することはできなかった。その後、同研究会は明治四十四年四月一日に、埼玉県の所沢に初めて陸軍飛行場を開設した。

一方、海軍側も、山本少佐の推薦で明治四十二年五月二十五日に、相原四郎大尉と小浜方彦機関大尉を海軍大学校選科学生に命じた。また翌年二月十九日には飛行機研究のために海鷲一号として、相原大尉にドイツ駐在を命じたが、翌年一月四日に、大尉はベルリン市附近のヨハニスタールで飛行練習中に、エンジンの故障で不時着して機外に放り出され、一月八日に死亡した。

中島知久平

さらに明治四十三年から翌年にかけて、山下誠一機関大尉、梅北兼彦大尉、河野三吉大尉、中島知久平《ちくへい》機関大尉（後の中島飛行機の創業者）が相次いで、海軍大学校選科予備学生を命じられ、臨時軍用気球研究会委員となり、研究に従事したが、既述したように、「同研究会は、海軍には期待するものなく、結局、海軍自体で研究することの必要を痛感し、明治四十五年度にはじめて海軍航空研究費十万円を得て、同年六月二十六日」に航空術研究委員会（委員長山路一善大佐）を、海軍艦政本部（主に艦艇・兵器・機関の技術行政を担当）に設置し、海軍独自の航空の研究開発に従事することになった。

「追浜近郊の貝山緑地の展望台から見た東京湾と横須賀港」著者撮影（2013.9.17）

一方、同年五月二十三日に、海軍大学校選科学生を命じられた金子養三大尉（後に、少将）は、航空先進国のフランスで飛行機の操縦術を学び、大正元年十月二十三日に、モーリス・ファルマン式水上機（モ式水上機）を購入して帰国した後、十一月六日に横須賀軍港内の追浜《おっぱま》で日本海軍最初の飛行に成功した。

もう一つの航空先進国である米国に派遣されてカーチス社の学校で操縦免許を取得した河野大尉、山田忠治大尉、中島機関大尉のうち、山田、中島両大尉が飛行機研究のために米国に残り、河野大尉だけが先に帰国して、山本少佐の提言（「海軍の航空を始めるには、いい日を選ばなければいかん」）によって、十一月十二日に開催された横浜沖の観艦式で、カーチス式水上機に搭乗して飛行を行った。

後に、航空術研究委員会は、先に述べた追浜に水上飛行場を新設し、「金子、河野、山田大尉などを教官として、大正元年十月七日、第一期練習将校（操縦四名）を採用した。ついで、大正二年四月には、本部兼兵舎を建て、六月に第二期練習将校（二名）と、整備関係に四月に一名、十二月に二名を採用して、教育した」

さらに、「大正三年三月には、第三期練習将校五名を採用し、ようやく操縦将校十五名を数えるにいたったとき」、第一次大戦が七月に勃発したのである。

日英同盟の盟約のもと、日本政府も八月二十三日に、ドイツに対して宣戦を布告すると、前年より運送船から航空機輸送艦に改造され、前年九月の佐世保港外の小演習に参加していた「若宮」（後に海防艦を経て制式に航空母艦となる）は八月二十八日に、佐世保港を出港して第二艦隊司令長官加藤定吉中将の隷下に入り、九月五日から陸軍と協同で航空作戦（主に偵察と爆撃）を展開したが、大正九年まで航空母艦の名称がなかった時分に、「世界の海軍で飛行機母艦を実戦に使用した」のは「若宮」が最初であった。

このときの青島攻略戦（中国山東省）に参戦した元海軍航空術研究委員の和田秀穂氏（海軍中将）によれば、操縦士の武装は拳銃一丁で、それも武装というよりは墜落時の自決用というのが真相で、「ただ追いかけて行って、威かくしたりしただけで、敵陣に」八センチ砲や十二センチ砲の砲弾を改造した爆弾を投下するのが、実際の戦闘であったらしい。結局、「敵機との空中戦をするまでにはいたらなかった」

十一月七日に、青島要塞が陥落して、ドイツ軍が降伏すると、「若宮」は二十一日に、佐世保に凱旋したが、その間、海軍のモ式水上機七〇馬力三機と同式一〇〇馬力一機の出動が「四九回、投下爆弾一九九、飛行時間七一時間で、湾内の偵察、爆撃に敵の心胆を寒からしめ、十一月二十三日、加藤第二艦隊司令長官から、初の感状を授与された」

このように、日本で飛行機に着目したのは軍用が最初であり、特に明治四十二年から大正四、五年に至るまでの時期は、「輸入時代」ともいうべき時期で、日本の「陸海軍では機体、発動機ともに外国製を輸入して、その操縦、取り扱いに習熟するのが精いっぱいであった」が、「その後の発展はじつにめまぐるしく展開し、第二次大戦のはじまるころには、海軍航空に関する限り、欧米各国のそれを追い抜き、総合戦略としては、世界第一級の海上航空戦力の座」についていくのである。

日本海軍航空隊の誕生

航空術研究委員会は大正四年二月に、「第四期六名、五月に第五期六名、十二月に第六期

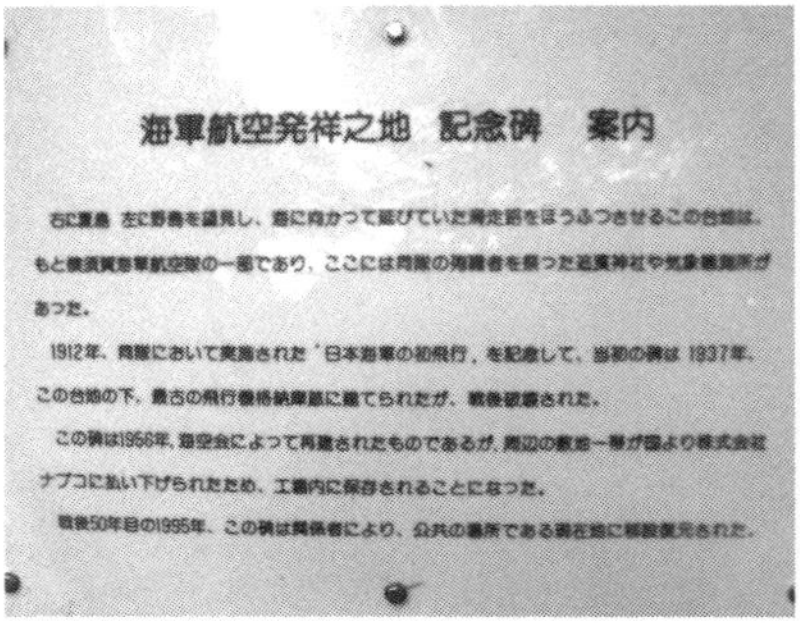

「海軍航空発祥之地　記念碑案内」
著者撮影（2013.9.17）

「海軍航空発祥之地」
著者撮影（2013.9.17）

九名の研究委員を相ついで採用し、着々と要員の養成につとめた。

ここにおいて、研究委員会の性格からぬけでて、大正五年三月十七日に、海軍航空隊令を発して、四月一日、追浜の地に、横須賀海軍航空隊として開隊され、海軍部隊として誕生した」のである。

このように、日本海軍が「明治の末期に、海軍航空の研究に着手してから、大正五年三月三十一日に、航空術研究委員会が廃止されるまでのあいだに育成された操縦将校は、三十二名、整備将校は、一〇名をかぞえ、海軍航空の大先輩として、積極果敢の海空軍精神を打ち建て、よくこれを後輩に伝えた」のであった。

大正五年四月一日に、航空術研究委員会を改称した横須賀海軍航空隊が開隊すると、次いで大正七年三月二十七日に、『海軍航空隊令を改正して、「横須賀軍港の下に佐世保軍港を加える」こととなり、翌八年、飛行隊五隊（計八隊）の増隊を計画して、九年十二月一日佐世保空が開隊した』

さらに大正九年には、「飛行隊九隊（計十七隊）が協賛され、昭和六年完成を目途とし、霞ヶ浦空（大正一一、一一、一）、大村空（同年一二、一）、佐世保空広分遣隊（大正一四、四、一）、館山空（昭和五、六、一）、呉空（昭和六、六、一、佐世保空広分遣隊廃止）が、逐次開隊」するのであるが、この十七隊計画の完成によって海軍航空の基礎が固められた。

以上のように、大正五年の横須賀空の開隊から、十七隊計画が完成するまでに、十五年の歳月を要したのであるが、その間、日本の海軍航空は、『その内容においても、画期的な躍進を見せ、近代航空の形態を作り上げ、すでにみずから頼むに足る術力を備えるにいたったのである。先ず大正十年夏から約一ヵ年、英国からセンピル大佐を長とする航空団を招聘して、それまでのただ飛ぶだけの——もちろんそれまでも、海上作戦への寄与を鋭意研究していたが、だいたい偵察に威力を加える程度であった——海軍航空に、爆撃、雷撃などの攻撃力を加えただけでなく、大正十一年には鳳翔、十五年に赤城、昭和三年に加賀、と航空母艦を完成し、水上機母艦も、大正十四年十二月一日に能登呂《のとろ》を加え、さらに大正十五年六月一日以降戦艦長門に水上機を常載し、逐次艦隊の戦艦、巡洋艦、潜水艦におよぼすなど、海上作戦における航空の地位を高めたのである。

行政面では、昭和二年四月五日に、海軍航空本部（初代本部長山本英輔中将）を設け、航空

「予科練誕生の地」
著者撮影（2013.9.17）

行政、教育、技術の中央機関として、適切にして且つ積極的な指導を行った。

昭和三年四月一日に、赤城と鳳翔で、はじめて第一航空戦隊（初代司令官高橋三吉少将）を編成し、連合艦隊に附属され、航空用兵に一歩前進した。

要員の養成には、横須賀、霞ヶ浦の両航空隊の練習部が当り、大正十一年十一月、霞ヶ浦空の開隊からは、約十年間、同隊が教育の中枢となっていたが、昭和五年、高等科学生教育隊を横須賀空が「飛行機の応用操縦および機上作業」、霞ヶ浦で「飛行機の基本操縦および整備」を分担することになり、研究実験の重点が、横須賀空に移るようになった。

要員養成の画期的な躍進は、昭和五年六月一日に、予科練習生――少年飛行兵――制度を採用したことで、三ヵ年の基礎教育と、一年の飛行教育によって、優秀な若年搭乗員を得られる』ようになったのである。

ワシントン海軍軍縮条約の締結

日露戦争が終結した後、日本海軍は明治四十年に、日露戦争後の状況と、その戦争指導の反省も踏まえて「帝国国防方針」を制定し、アメリカを仮想敵とする「対英米七割保有論」(八八艦隊)計画を立案して対米建艦競争に邁進していたが、第一次大戦が終結すると、米大統領ウォレン・ハーディングの提唱によって、大正十年にワシントンで海軍軍縮会議が開催された。

この会議に参加した日本は、このときに提唱された太平洋の和平の現状維持と日英同盟の破棄、中国の主権・独立の尊重、領土保全、機会均等、米英日の主力艦(戦艦)および航空母艦のトン数の比率の制限(五・五・三)と、十年間の主力艦建造禁止を定めた三つの条約(四ヵ国条約、九ヵ国条約、ワシントン海軍軍備制限条約)に反対を唱えたが、結局、翌年に他の二大海軍国(米英)とともに、この三つの条約を締結してしまう。

この会議の目的には、第一次大戦でほとんど損害を受けなかった、日本海軍の対米建艦競争の拡大に英国とともにブレーキをかけるというアメリカの対日戦略があったことは言うまでもなく、国民の負担を軽減しようというのは名目に過ぎなかった。

いずれの条約も日本にとっては大打撃であったが、特に、この軍縮条約で締結された主力艦(戦艦)と、英・米・日・仏・伊の航空母艦のトン数の比率(五、五、三、一・六七、一・六七)の制限は、先に述べた海軍の主張する「対英米七割保有論」の考えと対立するものであった。

なぜなら「海戦史の示すところでは、七割以上の兵力で勝った例は相当あるが、七割を欠いた兵力で勝利を収めた例は殆どなかったからである。数学的計算によれば法則に左右されるので、六割海軍が全滅したとき一〇割海軍は尚、六割四分残存し、七割海軍でもそれが全滅したとき一〇割海軍は尚約五割残存する計算になるので、どちらにしても負けることに違いはない。しかし、実際の戦闘では他の不確定要素が多く入って来るので必ずしも計算通りには運ばない。経験の示すところでは訓練の精到、用兵の妙等によって、七割ならば勝つ希望が持てるが、六割ならばその希望が殆どなくなってしまう」からである。

『そこで考えられたのが戦艦のわき役をつとめる補助艦、つまり巡洋艦、潜水艦、航空母艦などの増強と将兵の訓練による全海軍の質の向上であった。

前者はわが造船技術の粋を尽くした古鷹型、妙高型などの新式巡洋艦その他の出現をうながし、後者は東郷平八郎元帥が時の連合艦隊司令長官加藤寛治大将への激励の辞「訓練に制限はごわはん」という言葉が、世間に流用されるようになったのもこのころのことであった』

こうして、「米、英、独、仏などに比してははなはだしく立ち遅れて、いまだ体裁をなさなかった海軍航空が改めて見直され、その急速な発達が要望されるに至った」のである。

ロンドン軍縮条約の締結

昭和五年にはロンドン軍縮会議が開催され、三大海軍国（英米日）の補助艦の比率を、それぞれ「十・十・六」と協定したため、潜水艦は同率であったが、補助艦のうち、最も重要な甲級巡洋艦にも六割という制限が設けられた。

そこで日本海軍は、この補助艦の不足を補うために、第一に軽快艦艇による夜戦、第二に潜水艦の利用、第三に航空兵力に努力を傾注するのであるが、特に「航空兵力は航空母艦をもって代表される」ため、「敵の航空母艦を先制撃破することが、制空権下の海上決戦を強制し得ることであり、制空権さえ掌握して居れば、六割海軍で充分勝算ありというのが、航空関係者の考えであった」

日本海軍は、この航空兵力の画期的な増勢を企図するために、第一次軍備補充計画を立てて、飛行隊二十八隊（計四十五隊）の開隊を帝国議会に要求し、昭和六年の第五九帝国議会で、十六隊が承認された。「内二隊は昭和十三年度以降に保留する条件であるため、結局昭和十二年度までに、十四隊（計三十一隊）を整備することとなった」

こうした補充計画が進む中で、昭和六年九月十三日に満州事変が勃発し、翌年一月には戦火が上海にまで波及して昭和八年二月に、「国際連盟を脱退するなど、日本をめぐる国際情勢は、日を追って緊迫してきた」

このため「海軍では、第二次軍備補充計画を立て、飛行隊八隊（計三十九隊）の整備を追加し」、昭和九年の第六五帝国議会で、この計画は承認された。

この二大事件（満州事変と国際連盟の脱退）の影響で、いよいよ決意を固めた海軍は、第一次、第二次軍備補充計画に基づいて、昭和八年十一月に大湊、昭和九年六月に霞ヶ浦空の友部分遣隊、昭和十年二月に佐伯、舞鶴、昭和十一年四月に鹿屋、木更津、同年十月に鎮海、横浜に、逐次海軍航空隊を開隊した。

また「第一次計画で空母竜驤（昭和八年就役）を、第二次計画で蒼竜（昭和一二年就役）、飛竜（昭和十四年就役）の建艦が計画された」

かねてから「ワシントンおよび、第一次ロンドン両海軍条約の基調であった比率主義は、不合理であり、また各国の安全を保障しない」と考えていた日本海軍は、「軍備制限は保有の最大限を協定するやりかたに改めるべきだとかんがえ、一九三五年の第二次ロンドン軍縮会議に全権をおくり」、この提案を持ち出したが、英米両国は、この基調を崩すような提案を問題にしなかったため、翌年一月に日本は同会議を脱退し、一九三六（昭和十一年）末をもって、「ワシントン、ロンドン両海軍条約の満了とともに、いわゆる海軍無条約時代に入ることになった」

こうした中で、日本海軍航空隊は、後述するように「支那事変の勃発に伴い、三十九隊の六隊で、特設航空隊の編成にあて、第一、第二次軍備補充計画は、予定の通り昭和十二年に完成」するのである。

また、この期間に、海軍航空技術が海軍の独創によって飛躍的に進歩を遂げたことは、特筆発すべき事項であった。

日本海軍は昭和七年四月一日に、「それまでの技研航空研究部、横廠航空機実験部、同廠発動機実験部を統合して、海軍航空廠を設立し、海軍航空本部の適切な指導の下に、航空兵器の進歩を実現させた」が、その中でも支那事変のときに、後述する九六式艦上戦闘機や九六式陸上攻撃機は、その威力を充分に発揮するのである。

第二章　外国機の導入から九六式艦戦誕生まで

外国機から国産戦闘機へ

では、先に述べた二大事件が起こるまで日本海軍には、機体、エンジンとともに自前で設計し、製作した戦闘機は何種類くらいあったのだろうか。

昭和七年頃までの日本海軍には後述するように、ソッピース〝タブロイド〟水上戦闘機、グロスター〝スパローホーク〟艦上戦闘機、一〇式艦上戦闘機、九〇式艦上戦闘機があったが、「そのほとんどすべてが、外国からの直輸入のもの、外国から製造権を購入して製作したもの、またはわが国に招いた外国技師の設計またはその指導になるものであった」ことから、大正四、五年から昭和六、七年に至るまでの海軍航空は、まさに「模倣時代」ともいうべき時期であった。

言い換えれば、西欧列強に比べて、飛行機の開発に遅れていた日本海軍は、この時期に「まず列強からサンプルを輸入し、また技術者を送って技術の修得に努めるとともに、模倣機を国産して国内技術の培養から始めようとした」のである。

大正元年に、モ式水上機をフランスから購入した日本海軍がその次に購入したのは、第一次大戦の初めの頃に、フランスで生産されたデ・ペルデッサン単葉水上機であったが、この水上機は、日本で初めて時速百キロの速力に達する最初の飛行機であった。

しかし、この水上機は「高速機ではあるが、じつはだれが見ても、実用機となるような条件がそろっていなかった。上下に多数の補強策を張った主翼と、全備重量、一、〇〇〇キロにおよぶ機体では、速度はすぐれていても、空中戦で軽快な動きをすることができなかった」し、また「機関銃をつけると、とうぜん戦闘機としてつかえる性能をもっていたが、このころでは、プロペラ同調射撃装置もなく、はじめてのトラクター式（牽引式のこと、プロペラが前についている新式の機体）とし

ソッピース・タブロイド水上戦闘機のモデルになったソッピース式水上機

スパローホーク艦上戦闘機

九〇式艦上戦闘機

て、海軍ではめずらしがられたていどにすぎなかった」のである。

次に、日本海軍が大正六年に、英国から最初に購入した水上戦闘機は、ソッピース〝タブロイド〟という単座の水上戦闘機であったが、「この機体には、前方を射撃する固定機関銃をとりつけることができ、しかも運動性がすごく良好で、スピードも一躍、時速一四八キロにおよぶ高性能機であった。

もともとこの機体は、有名なシュナイダー杯スピード・レースの出場機として設計されたものを戦闘機に改造したものであるから、高速であるうえ運動性もすぐれて、文字どおり、日本海軍最初の一人乗り戦闘機となり、シュナイダー型戦闘機ともいわれた。

大正八年に海軍の菊原大尉が、この水上機で海軍機としては初めての宙返りを敢行して、賞讃をはくしたが、同じソッピース式の車輪つき陸上機である〝パップ〟もこのあとに輸入され、大正九年に飛行機輸送艦若宮の特設飛行甲板上から、桑原大尉の操縦で、みごとに初離艦」している。

「この両ソッピース戦闘機の使用によって、日本海軍で、はじめて戦闘機操縦士なるものが誕生したのであるが、本格的な戦闘機による空中戦の訓練は、大正十年に来日した」英国の航空教育団（団長センピル大佐）が霞ヶ浦で講習を始めた時から実施されるようになったのである。

「この時、航空教育団が新鋭戦闘機としてもってきたのが、かの有名なグロスター〝スパローホーク〟艦上戦闘機である」

第一次大戦の勝利国である英国が戦訓を生かして開発した〝スパローホーク〟は、英国の「標準型戦闘機で、同時に輸入された第一次大戦末期の傑作機SE5や、〝マーチンサイド〟などにくらべると、あらゆる点で、はるかにすぐれた、理想的な艦戦であった。

大正十年から大正末期までの日本海軍戦闘機パイロットは、みなこの機体から誕生したといってよい。それほどよく使われた、実用性のよい戦闘機であった」

二〇〇馬力の発動機をつけた、この艦上戦闘機の「最大速度が一九五キロ／時、上昇時間三、〇〇〇メートルまで一四分、実用上昇限度五、二〇〇メートル、航続時間三時間であるから、このころの艦戦としては、まさに理想的な戦闘機であった」が、「ただ発動機が第一次大戦とうじの面影をのこす回転式星型の、いわゆるロータリー・エンジンであったため、これ以上の馬力の強化、スピードの向上がのぞめないので、けっきょく三〇〇馬力、二〇〇キロ／時台の、新鋭十年式艦戦の完成がいそがれるようになった」

第一次大戦のときに、運送船を改造した飛行機輸送艦の「若宮」を、世界で初めて青島攻略戦に投入した日本海軍は、大正六年頃から「洋上での航空機運用のためには帰着甲板を持つ母艦が必要である」という認識から、大正八年十二月に早くも空母の建造に着手するようになった。

こうした認識を背景に、ワシントン海軍軍縮条約で制限された戦艦の補助艦として建造された日本最初の空母「鳳翔」（大正十二年竣工）は、「はじめから空母として設計された世界最初のものであり、小型ではあったが、たしかに世界空母史上のエポックを画した軍艦であった」

当初、水上機空母として計画された「鳳翔」の初期案は大正五年に、英国に派遣されて巡洋戦艦を改装した空母フュリアスの視察研究を行った金子養三少佐の報告をもとに、約一二四メートルの帰着甲板（いわゆる全通甲板）を持つ航空母艦に変更され、艦載機も車輪を持つ艦上機の運用を中心とするものになったと言われているが、このことは、先に述べたワシントン海軍軍縮条約によって、主力艦から英国式の「多段飛行甲板によって発着艦を分離する」空母に改装された「赤城」（昭和二年竣工）と、「加賀」（昭和三年竣工）を見てもわかるように、日本海軍の空母設計は、英国海軍航空の強い影響を受けてスタートしたと言えるだろう。

十年式艦上戦闘機の誕生

こうして、英国空母の艤装を模倣して建造された世界初の正規空母「鳳翔」（排水量約一万トン）に搭載するため、「日本で設計された三種類の新鋭艦上機が、そのころ三菱が英人技術者を招いてつくった十年式艦上戦闘機、十年式艦上雷撃機、十年式艦上偵察機」であったが、先に述べた「〝スパローホーク〟は、この十年式艦戦の乗員に対する、練習戦闘機のような立場にあった」

大正九年に、海軍の斡旋によって英国のソッピース社（現在のホーカー社の前身）から設計者ハーバート・スミスほか、操縦士を含む八名の技術者を招聘して設計させた「機体に、フランスから輸入して国産化した、イスパノスイザ三〇〇馬力発動機をとりつけて、三菱がつくった十年式艦戦の第一号機は大正十年十月に、初の国産艦戦として、注目のうちに完成し、翌年に制式採用」となって、本格的な戦闘機部隊の編制を開始した。

このとき、「三菱の飛行機機体の事業は、この海軍十年式艦戦と共に根をおろした」のであり、また三菱の航空発動機の事業も、「フランスから製造権を導入したイスパノスイザ二〇〇馬力発動機が大正九年末、同三〇〇馬力発動機が大正十年半ばころから、陸海軍の注文により生産に入ったときから確立した」のであった。

大正十二年二月二十二日に、空母「鳳翔」で初めて実施された国産艦戦による離着陸テストは、三菱内燃機株式会社（後の三菱重工）の雇用操縦士として来日していた元英国空軍大尉のテスト・パイロット、ジョルダンによって成功するが、当時、戦闘機の名パイロットとして技量も度胸もピカ一といわれた「鳳翔」航空長吉良俊一大尉（後に中将）が三月十六日に行ったテストでは、数回のうち一回だけ着艦に失敗して、高さ約十五メートルの飛行甲板から飛行機もろとも海中に転落している。このとき、

吉良大尉は、『一〇式戦闘機の翼の上にたちあがり、手旗信号で、

「われ異状なし、ただちに予備機を用意されたし」と、母艦にむかって信号を送った。だれしもこの事故で、その日の実験は当然中止になるものと考えていたやさき、吉良大尉のこの闘志に度肝を抜かれたという逸話がのこされている。吉良大尉は、救助されたのち、母艦に帰ると被服を着がえ、用意された予備の戦闘機に乗って、ふたたび発艦し、この実験を完了した」が、このことから「当時のパイロットはもちろん、航空に賭けた人びとの意気ごみが察せられる」だろう。

ここに、欧米人の設計による半国産ではあるが、日本海軍戦闘機の基礎となる国産の艦上戦闘機の第一号がようやく完成するのである。この十年式艦戦の最初の原型は、発動機の前に冷却機を取り付けたもので、これをランプラン式冷却機に交換したのが十式二号艦上戦闘機であるが、海軍戦闘機として水冷の発動機は、これが最初で最後のものとなった。

「同じころのアメリカの主力だった、カーチスTS1艦戦にくらべると、速力、上昇力、運動性ともに一段とすぐれていることが明らかであった。

そのころのアメリカの空母ラングレー、イギリスの空母アーガスにくらべると、わが鳳翔は、これまた一歩の長が明らかで、日本の艦隊航空は、技術的にはたしかに世界一流のレベルにあったといえる」だろう。

「十年式とは、もちろん大正十年度完成の略で、兵器命名の慣例にしたがって十年式となったのであるが、これらはのちに一〇式と改められた」

また、この時期に、スミス技師の設計と指導によって製作された『一三式艦上攻撃機は、三人乗りで爆撃、雷撃が可能な、当時としては、世界的レベルの傑作機といわれ、第一次上海事変にも空母「加賀」から発進し、実戦で威力を発揮した。そして、その前後十余年にわたり、海軍攻撃部隊の主力として活躍した名機』であった。

三式艦上戦闘機の誕生

ところで、当時の日本には、海軍の戦闘機を製作できるような航空機会社が三菱以外に全くなかったことから、三菱一社の独占のような形で、十年式艦戦を試作したのは仕方がないかもしれないが、「大正も末期なると、海軍機の製作工場として、三菱のほか、中島飛行機と愛知時計電機があらわれた」

「飛行機は、三、四年ごとに試作を進めなければ、時代遅れとなる」ため、海軍は大正十五年に、技術向上を兼ねて「一〇式艦戦にかわるべき時期国産艦戦を、三菱、中島、愛知に試作させ、そのうちから、いちばんよい一機種だけを採用することにした。海軍戦闘機最初の競争試作である」

「この競争試作は、採用の如何にかかわらず、開発試作までの経費を海軍が支払うので、多額の予算をくう欠点はあるが、一面、発注の公正が期せられるとともに、なんといっても技術進歩向上にはひじょうな効果がある。海軍側のシビアな性能要求と適切な指導のもとに、各社は異常にもちかい努力と闘志によって、わが国のこの方面の進歩発達におおきく寄与した」のである。

これによって、三社の試作艦戦は昭和二年に完成したが、三菱は一〇式艦戦の経験をもとに鷹型艦戦（「発動機を三〇〇馬力から四五〇馬力に強化し、機体を大きくして、不時着水時の浮力装置に完全を期した」艦戦）を日本人技師の設計で完成して海軍に提出した。

「ところが、競争相手の中島と愛知は、自力設計に自信がないため、外国の飛行機会社に試作をたのみ、中島はかつて〝スパローホーク〟を日本に送った、イギリスのグロスター社に、また愛知は、ドイツのハインケル社に、それぞれ新しい日本むき艦戦の条件をつけてつくらせた」のであった。

やがて、中島はG型（グロスター〝ガムベット〟）を、愛知はH型（ハインケルンHD23）を海軍に提出して比較検討されたが、その結果、「海軍が提示した、不時着水時の浮力装置を重視して、重量が過大になった鷹型とH型が失格し、軽量本位で、艦戦の製作にいちばん経験のふかい、グロスター社のG型が、とくに射撃時の座りのよさがみとめられて、昭和三年に採用が決定して三式艦上戦闘機（三式艦戦）となった。

鷹型、H型が、水冷式のイスパノスイザ四五〇馬力をとりつけたのに対して、G型では艦上における整備取扱いおよび、生産につごうのよい構造の空冷式ジュピターを採用したのも、勝利をえた大きな原因であった。

以来、海軍の戦闘機は終戦まで、すべて空冷式発動機を採用するようになり、この点でジュピターを国産化し、さらに寿型、光型、栄型などの戦闘機用空冷式発動機を、意欲的に開発した中島は、引きつづき、九〇式艦戦、九五式艦戦を量産し、その後、三菱が完成した名機九六式艦戦、零式艦戦にも、中島の発動機をとりつけるほどの実力をきずくことができた」のである。

三式艦上戦闘機

国産機による日本海軍初の撃墜

昭和三年四月をもって制式採用され、翌年から「量産使用をはじめ、昭和十年ごろまで日本海軍の第一線戦闘機として活躍した」三式艦戦は、確かに「イギリス人の設計ではあるが、日本の艦戦史上に大きく寄与した傑作機であり」、第一次上海事件（昭和七年）の際には、第一航空戦隊の空母「鳳翔」から発艦した所茂八郎大尉（海兵五十一期）率いる三式艦戦三機が二月一日に、一三式艦上攻撃機二機とともに、南昌付近で哨戒飛行中、中国空軍のヴォート〝コルセア〟偵察三機と、ボーイングP12戦闘機一機と遭遇し、その内の一機を撃墜した。また二十六日にも、杭州攻撃で所大尉率いる六機が中国戦闘機五機と交戦して三機を撃墜したが、所大尉もその中の一機を撃墜している。

これが国産機による日本海軍初の撃墜記録であり、日本海軍機による本格的な空中戦であった。また二十二日にも、第一航空戦隊の空母「加賀」から発艦した生田大尉指揮の三式艦戦三機と小谷大尉指揮の一三式艦上攻撃機三機が上海沖から蘇州に向けて飛行中、米人飛行教官ロバート・ショート大尉の搭乗するボーイングP12戦闘機一機と遭遇し、これを撃墜している。日本の戦闘機が米人搭乗の戦闘機と空中戦を行ったのは、これが最初であったが、「この事件のショックは大変なものであった」

先に述べた一〇式艦戦の例を見てもわかるように、「大正十五年ころまでの戦闘機隊は、空中戦よりも、まず着艦できるかどうかが大問題であって、その解決に大童《おおわらわ》だった」からである。

「今まで対偵察戦という戦闘機にとっては、朝めし前のような仕事に満足していた海軍戦闘機隊にとって、戦闘機は敵の戦闘機と空中戦を行わなければならないのだと、初めて気づいたような始末だった。すこし大げさな表現だが、この日から海軍戦闘隊は、真の敵は偵察機ではなくて戦闘機なのだという点で、真に目ざめたといってよいだろう」

九〇式艦上戦闘機の誕生

先に述べた三式艦戦は、『いちおう国産で、しかも戦闘機としての性能も、まあまあというところであったが、実際は既述のように、「外国人の援助指導」と「外国戦闘機の模造」の域を脱していなかったことは、海軍側も会社側もわかりすぎるくらい、よくわかっていた』し、また「三式艦戦が戦闘機としていちおうの性能とはいいながら、欧米各国の新鋭機とくらべると一段階下であり、一日もはやくつぎの戦闘機の開発によって、その差をつめなければならないというのが官民共通の念願であった」

そこで海軍は、「研究資料としてアメリカからボーイングF2B（プラット・アンド・ヒットニーのワスプ四二〇馬力装備）や、F4Bなどの戦闘機を購入して、次期戦闘機の研究開発に積極的な努力をしめした」が、中島飛行機の方も、「三式艦戦の制式採用決定後、すぐにその性能向上型の試作に着手した」

だが、吉田孝雄技師（後に社長）を主務者に、三式艦戦の性能向上を目指して中島飛行機が独自に進めた試作機は、『胴体が三式艦戦型、主翼は米のF2B型、降着装置はF4B方式、エンジンはジュピター六型と文字どおり「和洋折衷」の戦闘機であった』ため、翌年から『今度は主翼をF4B型とし、エンジンを「寿二型」に換装し、機体の重量軽減をはかるなど、執念にも似た熱意をもって性能向上』に取り組み、昭和五年の初めに、海軍にようやく提出したのが、九〇式艦上戦闘機（九〇式艦戦）であった。

日本人が設計した機体と発動機を取り付けた本当の意味の国産艦戦であった、今度の九〇式艦戦は、先に述べたG型（グロスター〝ガムベット〟）そのままの三式艦戦に比べて、ややボーイング12（F4B）に似た外形ではあったが、「全面的に洗練されて、三式艦戦とはほとんど同じ重さでありながら、性能は大巾によくなり、艦戦としての実力は、まさに世界一といわれた」

この「九〇式艦戦には一号、二号、三号の三型式があり、一号は燃料タンクを内部におき、胴体両側に機関銃をつけていたが、二号では、燃料タンクが胴体上にとりつけられている。

三号は、二号の主翼に大きな上反角をあたえた型で、安定性がよく、のちには複座の練習戦闘機としてつかわれた。このころが、中島式艦戦の全盛期で、初期の報国号のなかには、この九〇式艦戦が、ひじょうに多くみられたものである。

昭和八〜一〇年ごろ、空母赤城、加賀にのせられていた艦戦の主力は、この九〇式艦戦であり、また初期の源田サーカスの使用機としても知られている」

この頃、外国では、先に述べたように「九〇式艦戦はボーイング12（F4B）の模倣機であると評していたが、主翼や尾翼の形が、よくにているうえに、発動機が〝ワスプ〟にそっくりであったせいもあろう。

しかしよく見ると、模倣ではなくて、日本の設計は外国機を参考にして、さらに進歩しており、構造が緻密で、総体的にキメのこまかい点では、たしかに世界をリードし、ことに小型の戦闘機にその特長がめだっていた」

こうして、昭和五年に、制式採用された九〇式艦戦は翌年から量産体制に入って昭和十一年まで生産され、五年間にわたって日本海軍唯一の戦闘機として活躍したが、「ともかく純然たる日本人の手で設計された戦闘機であることと、わが国官民の二十年にわたるこの方面への努力の結晶である点で、注目されていい飛行機である」と言っていいだろう。

ただ、難点なのは、九〇式艦戦の旋回性能だけは、三式艦戦にかなわなかったことである。『三式艦戦の出現いらい、日本海軍の戦闘機パイロットたちは、その性能、とくに旋回性能を生かした「空中格闘戦」の訓練に懸命になった。そして同時に、空戦法の研究、空戦に強い戦闘機の要求、さらに日本人のもつ武道の素地などが一体となって、日華事変はもちろん、第二次大戦においても、わが海軍戦闘機隊はおどろくべき空中戦闘能力を発揮した』が、「三式艦戦につづいて九〇式艦戦が世にでたころ、当時の横須賀航空隊では、この新旧両戦闘機の空中戦闘能力の優劣をめぐって論議がおこった」『当初問題になったのは、新型機九〇式艦戦の空戦能力であり、やはり空中戦に強いというグループと、いや三式艦戦の方が強いという側にわかれてきた。

それでは「空中戦ではっきりさせようじゃないか」

ということになり、ベテラン・パイロットたちが』、『毎日のように飛行機をかえ、いろいろな態勢で公正かつ厳密、しかも、全員必死の研究試合がおこなわれた。

もちろん、これは、単に「九〇式と三式のどちらかが空中戦に強いか?」という興味本位のものではなく、「九〇式艦戦という新しい型の戦闘機の空戦能力とその用法、対策」の究明……というのが正しいねらいであった。

ところが、はじめのあいだ、この両機が同位戦(互格の態勢)で格闘戦にはいると、どうしても旋回性能のよい三式艦戦がすぐ九〇式艦戦の後ろにまわりこんで食いつき、九〇式は手も足もでない負け方』であった。

『海軍の艦上戦闘機は「空母への着艦」という特別な条件があり、そのために「着艦の容易」を具体的にいうと、まず着陸速度が小さいこと、第二に低速操縦性がよいこと、第三に視界とくに着陸視界がよいこと、空中での格闘戦に強いことに通ずる。

この「旋回性能」「着陸速度」は、その飛行機の翼面荷重(著者注:「飛行機の重量を翼面積で割ったもの。性能や強度上、実に重要な意味をもつ値で、これが大きいことは高速、高性能ではあるが、また着陸速度や旋回半径の大きいことをも推測させるものである」)の数字をみればまちがいなく見当がつく。翼面荷重が小さいほど旋回性能もよく、着陸も容易になる。

だが、この翼面荷重が小さいほど最高速度は低くなる。「旋回性能」と「最高速」はあいいれないのである』

三式艦戦の翼面荷重（一三〇キロ／平方メートル）と最高速（時速一三〇キロメートル）よりも、九〇式艦戦の翼面積（一六〇キロ／平方メートル）と最高速（時速一六〇キロメートル）の方が大きいため、「三式艦戦に対し、速度において約二十三パーセント、上昇力において約二十パーセントの優位性があり、降下加速率においてもかなりの差があると思われる。

したがって、三式艦戦と同位戦でとり組んだ場合は、相手の水平旋回戦の挑みにまきこまれず、優速と上昇力と加速性を利用し、全上昇力で高度をとり、十分相手を下方にひきはなしたのち、機首を急転してひねり込み降下、至近の一撃をあたえ、ふたたび急上昇して、また元の優位につく……いわゆる「ダイブ・ズーム」戦法をくり返すこと、これが三式艦戦に勝つコツである』とされたのである。

六試艦上複座戦闘機、八試艦上複座戦闘機の不採用

「昭和五年～一〇年ころには、世界の空軍国で、複座戦闘機に対する研究がさかんになっていた」ため、日本でも陸海軍ともに、複座戦闘機に対する具体的な検討を行うために、中島と三菱に複座戦闘機を試作させた。

「ことに海軍が熱心で、中島の六試艦上複座戦闘機、八試艦上複座戦闘機、三菱の八試艦上複

座戦闘機の三機種をテストした。しかし、この中途半端な複座機は、実戦における成果が明らかでないうえ、性能的にも、運営的にも疑問が多いため、ついに制式採用にはならなかった。米・英・仏でも、試作機が多い割合には、生産機数は少なく、いわゆる傑作機ともいわれる機体は、ついに現れなかった」ため、実際の複座戦闘機の開発は、八試艦上複座戦闘機で終わったのである。

七試艦上戦闘機の不採用

「国産飛行機の試作計画の初年度である昭和七年、海軍は七試試作機として、とうじ最重要機種であった艦上戦闘機、艦上攻撃機、艦上特殊爆撃機（急降下爆撃機）、水上偵察機の設計試作を競争試作として民間会社に発注し」たが、その中で九〇式艦戦の速力の向上を目指して三菱と中島が競争試作を始めたのは従来の複葉機（主翼が二枚の飛行機）ではなく、単葉機（主翼が一枚の飛行機）であった。

このとき、入社五年で七試艦戦の設計主任となった、当時若干二十九歳の堀越二郎氏は回想録で、この時の心境について、次のように述懐している。

「筆者は三菱に入社してから数年で、この航空躍進の時期に身をおいた。はるか先にいる先進国に、ただついて行くことが仕事であった時代から、急に先進国を対等にみて、わが道を開拓する境涯に立たされた。七試艦戦の設計主任となる前に、三菱がドイツ人バウマン教授の指導のもとに設計した陸軍むけの隼戦闘機の強度計算、ドイツのユンカースの技術による陸軍むけの爆撃機など、およびアメリカのカーチス複葉戦闘機の技術資料の整理などの経験はみな貴重であった。

筆者が七試艦戦の基礎形をどうしようかと迷っていた時、海軍航空本部技術部の戦闘機担当官であった先輩（著者注：佐波次郎機関中佐）は、非常に変わった形の有支柱低翼単葉を示唆してくれた。とうじの艦上機はもちろん、陸上戦闘機にも低翼単葉の計画はめずらしく、まして成功したものはどこにもなかった。艦上機では、着艦速度、着艦視界、母艦格納のための主翼の折りたたみなどの要求から、複葉機万能が世界の通念であった。艦上機としての着艦速度は戦闘機として要求される旋回性能から必要とされる翼面荷重と両立するし、また主翼折りたたみは、翼巾一〇・三メートル以内なら必要なしという計画要求と、この先輩の示唆とから筆者は片持ち式低翼単葉にふみ切った」

堀越技師が述べているように、日本で初めて国産の艦上戦闘機を片持式（「主翼や尾翼を、胴体に支柱や張線を用いないで結合する保持方式」）の低翼単葉（一枚からなる「飛行機の主翼を胴体の下に取りつけたもの」）にした、この三菱の七試艦戦は、きわめて独創的で、野心的な戦闘機であったが、三月からテスト飛行を開始した一号機は、「同年七月に急降下飛行試験中に、垂直安定板が折れて墜落するという事故を起こしてしまった。

つづいて完成した第二号機は、翌年六月にテスト飛行中、フラット・スピンに入って墜落してしまった」。このときに搭乗していた戦闘機分隊長岡村基春大尉（後の人間爆弾「桜花」で有名な神雷部隊司令、海軍大佐）は落下傘降下で助かったが、プロペラに左手が触れ、三本の指（中、薬、小指）を根本から切断してしまった。その後、大尉は「機銃発射レバーを握ることができなくなり、戦闘機での射撃ができぬ身となった」にもかかわらず、堀越技師を激励した。

こうして世界でも、最初の片持式の低翼単葉を採用した戦闘機の七試艦戦は、艦上機として殻を破った「斬新な設計だったが、操縦性が悪く、前方視界も不良なために、試作二機で中止された」

一方、小山悌技師を設計主務者として、中島が試作した「七試艦戦は、陸軍の九一式戦闘機を発達させたパラソル型の高翼単葉機で」、『構造は九一式戦とまったくおなじだが、発動機は「寿」五型に換装され、金属製三枚プロペラをもっている点がことなる』

結局、「この最初の単葉艦戦は、両機とも海軍の要求を満たすことができず失格となり、海軍はけっきょく、昭和九年になって、旧態依然とした複葉機を、ふたたび次期艦戦に撰定することになった」が、堀越技師は、その著書で次のように三菱の七試艦戦は、次期戦闘機の基礎を築くために、様々な教訓とヒントを与えてくれたと述べている。

「この機体は、戦闘機としては、日本ではじめての、また世界でも斬新な片持低翼単葉型を採用して、競争相手の中島機がパラソル型の陸軍九一式戦闘機のヤキナオシであったのと、対照的であったが、両社とも不合格となった。

だが、われわれはあたらしいテクニックをおそれなくなったこと、戦闘機の操縦性について、おもに航空廠のテスト・パイロットであった小林淑人大尉より学ぶところが多くあったこと、片持低翼単葉をどうしたら軽く設計できるかについて指針を得たこと、従来からのシキタリとなっているやり方では表面摩擦抵抗がひじょうに大きいことを知ったことなど、数かずの貴重な収穫を得た」

「私たちの七試艦戦はあえない最期をとげてしまった」が、「七試の設計をやってみて、私はだれよりも早く、これからの単発機のあるべき姿をつかむことができた」

大戦中、海軍戦闘機のテスト・パイロットだった小福田皓文《てるふみ》氏（海軍中佐）も、その著書で次のように、この時の経験が近代的な次期戦闘機の基礎を築くための布石となったと述べている。

「七試艦上戦闘機——陽の目をみることのなかったこの戦闘機は、しかし、日本海軍戦闘機を語る場合、どうしても無視してはならない存在である。

それは第一に、日本海軍が本格的に軍用機の完全な自力開発にとりくんだという、大きな歴史的意味をもつ、試作機第一号であったことである。

そして、いまひとつは、制式採用にこそならなかったが、この開発試作の過程での、苦心とその研究成果は、そのまま爾後のわが国航空技術の進歩に大きく貢献したことである。それが、その後の努力とあいまって、日本の航空技術を、世界的レベルにまでひき上げたひとつの土台の役割を果たしている」

九五式艦上戦闘機の誕生

七試艦戦が不合格になった後、中島が九〇式艦戦の後継機として、昭和九年春に設計を完了したのが、複葉機の九五式艦上戦闘機（Ａ４Ｎ１）であった。

九五式艦上戦闘機

昭和八年から七試艦戦と同時並行に開発設計を進めていた九五式艦戦は、「発動機が寿四六〇馬力から大型の〝光〟六七〇馬力に強化され、最大時速が九〇式艦戦の二九〇キロから一躍、三五二キロにハネ上がった」ため、「性能的には、当時としては恥ずかしくないものであり、とくに格闘戦においては、当代随一といっていい戦闘機であった」が、「〝光〟発動機は、高空性能が悪くて、けっきょく九五式艦戦の運命も、すでにさきが見えていたといってよい」だろう。

こうして、九〇式艦戦の後継機として、昭和十一年一月に採用された九五式艦戦は昭和十五年まで、中島だけで生産され、次の九六式艦上戦闘機が誕生するまで、第一線の戦闘機として活躍した日本海軍最後の複葉戦闘機となったのである。

零戦の先駆、「九六式艦上戦闘機」その誕生の背景

後に、「世紀の翼」と讃えられた零戦は世界的に、あまりにも有名であるが、九六式艦上戦闘機（略して九六式艦戦）と聞いて、すぐにわかる人は、あまりいないだろう。

これまで見てきたように、昭和九年頃までの海軍の戦闘機は、まだ非片持ち式の複葉機であったが、「翼はまた抵抗にもなるので翼の数が多いということは、その飛行機の速度がおそいということになる」

当時、すでに世界の飛行機の三分の二が単葉になっていたことから、海軍でも、この年の二月に、三菱と中島の両社に対して、純国産の単座戦闘機の競争試作を命じていた。「これが昭和九年度試作の単座戦闘機、略して九試単戦である」

この九試に限って「単戦」と名付けたのは、海軍航空本部員沢井秀夫少佐が、次のように海軍航空本部に対して主張したからであった。

「七試艦戦の設計製作にあたって、受注会社にあたえられた時間がじゅうぶんではなかった」ことであり、「航空母艦搭載用としての要求がきびしすぎる」

山本五十六

「そのうえに、もっとも許せないことは、新しい軍用機をつくりだす責任をおわせた技術陣と会社にたいして、当局が干渉しすぎる」。また「設計チームは、かれら自身の企画にもとづいて計画をすすめるべきである」

この沢井少佐の主張を受け入れた海軍航空本部は、「九試の戦闘機の試作にあたっては要求を必要最小限にしぼり、とくに艦上戦闘機としての要求をすっかりけずり、実験機的な性格として、性能向上をめざすことにした」

こうして、「世界の航空界ではまったく無名の一海軍士官の勇気と決断によって、日本の戦闘機の設計思想が、とつじょ世界航空界のトップをきることになった」のである。

ロンドン海軍軍縮会議に随員として出席した後、航空兵力の重要性に気づいた航空本部技術部長の山本五十六少将（後に元帥）も、

『「艦載機は空母のためにあるのではなく、空母が艦載機のために存在するのである。したがって、飛行機を母艦に合わせてつくるのでなく、母艦を極力、飛行機に合わせるべきである。今後の母艦については、そのように艦政本部とかけ合ってやる。つぎの飛行機は、母艦着艦などにとらわれずに、思いきって速度、上昇力など、性能重点主義でやれ……」と卓越、果断な指導方針を』示しており、後に、山本少将は、『空母「赤城」などの最高速度をあげて、着艦がや

りやすくなるように艦政本部とかけ合って、これを実現させている』

傑作機「九六式艦上戦闘機」の誕生

このような事情のもとに、従来とは違った比較的、簡潔な性能要求が次のように決定され、指示されたのである。

最高速……高度三、〇〇〇メートル以上で一九〇ノット以上
上昇力……高度五、〇〇〇メートルまで六分三〇秒以内
燃料搭載量（固定タンク）……二〇〇リットル搭載
兵装……七・七ミリ固定銃二挺、無線装置は受信機のみ
寸度制限……巾一一メートル以内、長さ八メートル以内

再び、会社から設計主任を任された堀越技師は、海軍航空本部から指示された、この要求書を見せられたとき、その成功が保証されたようなものであったと述べている。

なぜなら「この要求書からは、空母に着艦する条件が、のぞかれていたからである。〔このため略称も艦戦でなく、単戦となった〕この九試単戦について、海軍の設計要求は、たいへん

簡潔な一般的なもので、この開発計画について、われわれの設計スタッフに大幅の自由をみとめてくれたものであった。

このスタッフは、七試艦戦のときのメンバーがほとんどのこっており、またグループ全体としても、前回の知識と経験とをもっているので、わたくしは今回の設計で、従来のやり方で、まったく新しいアイデアをくわえることができた……。

戦闘機の性能を向上するために、もっとも必要な条件は、空気抵抗の減少と重量の軽減であった」

堀越技師は、この海軍からの要求をクリアするため、次の戦闘機の形態と構造方式として、「片持低翼単葉、全軽合金製とし、徹底的な重量軽減、流線形化、かつ表面を平滑につくるやりかた」を考え出すのである。

このコンセプトを基本に製作された九試単戦は、外観上、「七試艦戦の流れをそのままうけついでいたが、機体のすみずみまで画期的な性能向上をめざす、設計の進歩をみせていた。主翼は七試艦戦とおなじく、抛物線テーパー翼〔著者注：「翼端に行くにしたがって、細くなっている梯形《ていけい》の翼（先細翼）」〕であったが、寸度制限の緩和で、全巾は一〇メートルから一一メートルに延長され、それにともなうアスペクト比〔著者注：「飛行機の翼の翼幅（翼端から翼端までの距離）の二乗を、その平面面積でわった値のこと」「この値が大きいほど、翼の性能や効率は高いといってよい」）の増加と、思いきった薄翼の採用、さらに全面的な沈頭鋲《ちんとうびょう》（著者注：機体の空気抵抗を少なくして速度を上げるために、鋲の頭が機体の外に出ないようにしたもの）の使用によって、見ちがうばかりの洗練されたものとなった。

とくに沈頭鋲の採用は、日本ではじめての試みであった」が、「ドイツのハイケルンＨｅ70旅客機に、わずか数ヵ月おくれたのみであった。

構造も七試で、一部具体化した張力場式二桁箱型を、全面的に実現し、外皮も羽布《はふ》（著者注：「航空機の機体表面を、布張りするときにもちいる布」）張りからジュラルミンにかえ、翼付根で二〇パーセントをこえた翼厚比は、十六パーセントにまでへらすことができた」

こうして、昭和十年一月に完成した九試単戦の一号機は同年二月四日に、岐阜県各務原《かかみがはら》飛行場で第一回目の社内飛行試験を実施するのであるが、この日の夕方、三菱の設計グループは、かぎりない喜びに満たされることになった。

当初、九試単戦の速度について、三菱側は、二二〇ノット程度と計算し、海軍側はさらに低くみて二一五ノットと予想していたにもかかわらず、このテストで、時速二四三ノット（約四五〇キロ）を記録し、当時の実用戦闘機の水準をはるかに抜く駿足を発揮したからである。

昭和九年頃、ヨーロッパの専門家の間で、世界最優秀と評されていた英国のグロスター「グラジエーター」戦闘機の時速が四〇〇キロ足らずであり、「五〇四キロのスピードを出したホーカー・ハリケーンの試作機は、まだ完成していなかったし」、「試作中の陸軍キ‐10（のちの九五戦）も三八〇キロにすぎなかった」ことを見ても、九六式艦戦がいかに優秀な戦闘機であったかがわかるだろう。この九六式艦戦は、後の支那事変で英国のグロスター「グラジエーター」と交戦することになる。

堀越技師は、その著書で第一回目のテストについて、次のように回想している。

「私たちは、これだけ空気力学と構造力学の理論に直結した設計方針でやれば、人に一年以上さきんずることができよう、日進月歩の航空技術界で一年のリードは愉快なことではないかと、おおいにハリキッて実行したかいがあって、P26の型式にならった相手の中島に、形態的にも性能的にも、一時代ちがったような大差をつけて勝った。

九六式艦上戦闘機

実測でえられた二百四十三ノット（四百五十キロ）という最高速は、当時、世界を見渡しても実用機にはないくらいだったので、なんども速度計そのもの、速度計装置のチェック、テストコース（各務ヶ原飛行場に臨時にもうけた二千メートルの）上の飛行試験で対地速度と速度計の指度との比較などの証拠がそろうまでは信用しなかった」

一号機は、「視界の改善と、主脚の重量軽減から逆ガル・タイプ（著者注：「かもめ型翼（ガル翼）を、逆にした型の翼。低翼機に主にもちいられる構造で、胴体と翼の干渉抵抗を少なくする効果がある」）を採用し、本機の主翼の折れ目に起こる、気流の乱れより想定される操縦性不良を懸念して、二号機は、水平の中央翼（著者注：「主翼を各部分にわけるように作るとき、中央部分の翼を中央翼という」）をもつ形式で製作された」

また一号機が「空気力学的に洗練されすぎ、抵抗が少なかったため」に生じた大仰角のピッチングと着陸時のバルーニング（著者注：「着陸しようとして、地表ちかくまで降りた飛行機が、なかなか接地せず、地表面をかすめるようにしてながく飛ぶ」現象）も、日本機初のスプリット・フラップ（著者注：下げ翼の一種で、主翼後縁部の「一部を開いて折り下げ、揚力を増す反面、抗力もいちじるしく増える。したがって、このフラップは、空気ブレーキと同じ効果をもつので、着陸の場合だけ使われる」）を装備することで解決した。

一号機の「胴体は七試とおなじ全金属モノコック構造（著者注：軽金属板でできた「外側の構造物で強度をたもち、なかをがらあきにして物をつめるようにしたつくり」）であったが、さらにこれを細くし、主翼とおなじく沈頭鋲を使用、エンジンには、中島の寿五型を採用し、プロペラ効率を採用して、減速装置つきとした。

主脚も七試艦戦の三本支柱から、かんたんな片持一本脚（著者注：「降着装置がたがいに独立した別個の脚をつくり、他の支柱をもたない構造」）とし、重量の増加、構造の複雑化をさけ、さらに納期遅延の点からも、固定脚として流線型のカバーをとりつけた」

このように、一号機が、「九六式艦上戦闘機として制式に採用されるまでには、数多くの技術的問題を克服しなければならなかった。操縦の安定性、バルーニング対策、兵装艤装の改善、適当な発動機の選択、着艦視界対策などと、枚挙にいとまがないほどである」

このため、新たに開発した二号機以降の九試単戦に対し、「航空廠飛行実験部、横須賀航空隊の手で性能、実用試験がくりかえされ、昇降舵に改良がくわえられた。

エンジンの減速装置の欠陥になやまされた一号機の実績から、二号機では寿三型直結（旧称）を採用し、三号機以降には、光一型を搭載したが、本機を実用化するのに、適当なエンジンがなかなか得られず、けっきょく、海軍航空本部は、あるていどの性能低下はやむをえないとして、すでに実用化されて、信頼性のある寿二型改一を装備する」こととした。

このエンジンを搭載した六号機が最後に、九六式一号艦上戦闘機（A５M１）として制式採用され、「通算約千機が三菱と佐世保海軍工廠、それに九州飛行機によって製作されたのである」

先に述べた九五式艦戦が採用された後、わずか十ヵ月遅れて、九試単戦が制式採用されたことを見てもわかるように、「三菱の技術陣が大きな自信を得たことは疑いのないところであり、失敗、成功を問わず、航空技術陣が、官民ともに経験をつみ重ねることによって、航空工学の発達と呼応して一段とレベルアップされたことは明らかである」

こうして、九試単戦に様々な改良を加え、「速度で世界のトップをいきながら、格闘戦のチャンピオンであるという、世界の常識」を破って完成した九六式一号艦戦（A５M１）は、最大速度が時速四〇六キロ、上昇力が五千メートルまで八分三十秒と、当初の九試単戦の一号と比べ、大幅に低下したが、「これより先の昭和一〇年の内外機との比較試験では、ホーカー・ニムロッド（複葉）、ドボアチンＤ510（低翼単葉）に対し、比較にならぬほど圧倒的に有利と判断」されたのである。

また日本海軍が三菱の新鋭機、九六式艦戦を採用した昭和十一年に、「アメリカ海軍では複葉のグラマンF３Fが新しく就役していたのであるから艦戦という土俵における、日本の航空機設計技術は、このころでは明らかにアメリカをリードしたことになる」だろう。

この純国産の『九六艦戦の教訓を生かし、さらにこれを発展させて、ついに当時世界最強の傑作機「零戦」をつくり出したことを考えると、この七試艦戦―九六艦戦―零戦というつながりは、単に技術の積み上げという意味以上に、血のつながりというか、設計者の一貫した不屈の執念というものを感じ、まことに興味深いものがある』

これまで見てきたように、「大正の末期から昭和十二年、十三年までつづいた軍用機のはなやかな競争試作時代の初期には、陸、海軍の仕様に対し外人技術者の指導のもとに設計、試作した第一線機の競争が行われた。

その装備発動機は、はじめは外国の製造権によるものだったが、しだいに設計まで国産によるものに移っていった。

この競争試作は、同一仕様に対する製品の優劣だけで、公平に勝敗をきめたので、軍民技術者および民間会社を刺戟し、この時代の末期にわが国の航空工業技術は、きわめて急速に進歩し、世界の水準に近づくことができた」のである。

明治四十五年に、先に述べた海軍航空術委員会が設立されてから、「日本海軍航空が、外国機の輸入と模倣を脱皮して、ようやく自立時代に入ったのは、海軍航空廠が創立された昭和七年であった」といわれているが、『このなかで、まず第一に「航空自立達成」の暁鐘を乱打して官民関係者を狂喜させたのが』、この九六式艦戦だったのである。

第三章　支那事変勃発から零戦誕生まで

支那事変の勃発と海軍航空隊の活躍

昭和十二年七月七日、ソ連と中国共産党の謀略によって、支那事変が勃発すると、やがて戦火は華北から華中に飛び火して、在留邦人の虐殺を防ぐために、上海に駐留していた日本海軍特別陸戦隊の将校一名と、運転手一名が八月九日に中国軍によって射殺される事件が起こった。

さらに、八月十三日には、第三艦隊の旗艦「いずも」、海軍陸戦隊本部および日本人学校が次々と支那軍から爆撃を受けた。

支那事変が勃発すると、早速、日本海軍は七月十一日に、特設航空隊として鹿屋航空隊と木更津航空隊からなる第一連合航空隊（司令官山口多聞少将）を編制し、陸軍との航空作戦の取り決めに従って、主に華中、華南方面を担当することになった。そして十四日から三十日にかけて、第一連合航空隊は、長崎の大村基地（木更津航空隊）と台湾の基地（鹿屋航空隊）に移転し、長距離爆撃機の九六式陸上攻撃機（略して、九六式陸攻）をもって、主に上海周辺に配備された敵航空基地や軍需施設に渡洋爆撃を展開して世界初の戦略爆撃を実施した。

日本陸軍が十月二十七日に、武漢三鎮（湖北省の武昌、漢口および漢陽）を完全占領すると、第十二航空隊と第十三航空隊からなる第二連合航空隊（司令官大西瀧治郎少将）は、漢口に進出して国民党政府が移転した重慶に対して、爆撃を散発的に繰り返した。

やがて、漢口に海軍の飛行場（秘匿名称、W基地）が整備されると、昭和十四年五月三日と四日にかけて本格的に重慶に対する爆撃を行い、また翌年の五月十八日から九月五日にかけて、「第百一号作戦」を展開して重慶、成都および蘭州の奥地に大規模な爆撃を繰り返した。

この頃の中国空軍の戦闘機は、「アメリカから提供されたカーチス〝ホーク〟（複葉引込み脚型と単葉固定脚型）をはじめ、イギリスからのグロスター〝グラジュエーター〟（複葉）、ソ連からのイ15（複葉）、イ16（単葉引込み脚）などが主力であった。

中国空軍は、日本海軍の九六式陸攻による渡洋爆撃いらい、戦闘機の機種転換は、ほとんど米ソの両国にたより、カーチスP36〝モホーク〟、カーチスP40〝トマホーク〟、さらにP40〝キティホーク〟と機種の近代化をつづけ、ソ連からは多数のイ16の供給をうけていた」

支那事変が勃発すると、九六式艦戦の生産が始まったばかりだったので、主に複葉の九五式艦戦で戦われたが、次第に九六式艦戦も上海の戦線に出陣するようになり、やがてこれらの敵機との空中戦を通じて、その真価が試される時が来るのである。

九六式艦戦の初陣

日本海軍航空隊が昭和十二年八月十四日から連続三日間にわたって、航続力のある九六式陸攻をもって、中国の奥地へ渡洋爆撃を敢行したことで、世界を驚嘆させるのであるが、この爆撃には直掩機をつけなかったため、敵戦闘機から迎撃を受け、人員の二三パーセント、機材の三二パーセントを失った。

続いて、十七日に実施された第二航空戦隊の八九式艦上攻撃機十二機による杭州攻撃でも、直掩機をつけなかったため、十一機が撃墜され、惨澹たる被害をこうむった。

このたびかさなる失敗から制空権獲得の必要性をあらためて認識した海軍は、それまで海軍にあった「戦闘機無用論」を棄て、急遽、「加賀」を呼び戻し、新鋭の九六式艦戦六機を搭載した後、さらに第二連合航空隊の九六式艦戦を九月上旬に、上海の公大《クンダ》基地に進出させた。

その後、「岡村少佐、源田少佐、野村大尉、南郷大尉といった、名戦闘機パイロットによる両隊は、九月十九日にはじめて南京を空襲し、つづく中国空軍戦闘機との空中戦に、めざましい戦果」を収めるのである。

米国の航空記者マーチン・ケイディンは、その著書で、この時の状況について、次のように述べている。

『一九三七年〔昭和十二年〕九月十九日、この新型戦闘機は、はじめて戦闘に参加した。南京を空襲する第二連合航空隊の護衛のため出撃したのである。

中国軍の防空戦闘機隊は手ぐすねひいてまちかまえていた。これまで、かれらは、なんどとなく日本の爆撃隊を撃破して、新しい血にうえていた。

攻撃隊は、静かに時をまっていた。きょうは新型戦闘機隊がついている。

……中国軍の戦闘機には、米国のボーイングP26、カーチスの「ホーク」Ⅱ、「ホーク」Ⅲ、それにイタリアのフィアットなどがふくまれていた。

中国軍は、日本軍の爆撃機隊と戦闘機隊に殺到した。戦闘が新しい様相をしめすまでには、時間はかからなかった。

日本軍が撃破する側にまわり、おそるべき効率をもって、その任務を達成した。

九六艦戦は、混成の中国軍のどの戦闘機よりも水平飛行ではやく、上昇速度でまさり、中国軍の複葉戦闘機もできないような、あざやかな旋回をやってのけた。

つづく数週間、空中戦の規模は大きくなり、はげしさをました。そして日本軍は、この新しい九六艦戦によって、終始びっくりするような戦果をあげた。

日本軍は九六艦戦を護衛につけて、急降下爆撃機による空襲を集中的におこなった。中国軍は、その大損害を補充するために、必死になって新しい戦闘機をあつめた。前述の機種のほかに、イギリスのグロスター「グラジエーター」や、ソ連の「イ‐15」「イ‐16」なども戦闘に投入された。

ますます腕前をあげた日本の戦闘機隊は、新しく到着する敵機に、息もつかせず、おそいかかった。そして、二ヵ月間に九六艦戦は、空から中国軍戦闘機をまったく駆逐してしまった。この時期の最後の戦いは一九三七年〔昭和十二年〕十二月二日であった。この日、南郷大尉の指揮する九六艦戦の一隊は、南京上空で迎撃するソ連製ポリカルポフ「イ‐16」の一隊、一二機中一〇機を撃墜するという大戦果をあげた。

日本軍は一機の損害もなく戦場をはなれたのであった』

またニューヨーク市立大学講師で、台湾国防特別研究員のロナルド・ハイファーマンも、その著書で、日本軍のパイロットの強さを次のように伝えている。

「日中戦争開始の当初は、両軍間の空中戦はあまりみられなかった。中国空軍には、揚子江にそって西進する日本軍の進撃をにぶらせる能力がないばかりでなく、日本軍の空からの攻撃にたいして、国土を防衛する力のまったくないことが、はっきりとわかった。

戦争勃発当初、中国は約五〇〇機の飛行機をもっていたが、そのうち飛行可能なのは九一機で、パイロットも、空中戦適格者はほんのわずかにすぎなかった。そんなわけで日本軍は、戦争開始第一週に、中国の制空権を完全ににぎり、その後の三年間というものは、日本軍のパイロットたちは、中国を空中実験場として、貴重な戦闘経験をつんだ。

戦争のはじめの数年間、中国は、陸上基地または航空母艦から飛びたつ日本軍パイロットたちの訓練場としてつかわれた。その結果、パールハーバー〔真珠湾〕攻撃のときまでに、日本軍パイロットたちは、世界中でいちばん戦闘経験をつんだものとなっており、ドイツやイタリアの枢軸軍パイロットをはるかにしのいでいた」

最後に前線に送られた九六式四号艦戦も、一号式のように、「はなばなしい空戦に参加できる機会がなかった」が、支那事変を通じて、ともに「海軍の主力戦闘機として、援護、防空、進攻、急降下爆撃、陸戦協力、偵察と万能ぶりを発揮し、片翼帰還の樫村機のほか、武勇伝も多く、また南郷少佐をはじめとし、いくたのエースが生まれた」のであった。

この九六式艦戦の登場によって、世界の兵術思想が一変してしまったのも否定できない事実である。「いままでは、陸海を問わず、敵の航空戦力を撃破するには、攻撃隊で敵の飛行機基地を空襲し、敵機の基地で破壊するのがよいと思われていた」が、「この支那事変の航空戦で、敵の搭乗員を、飛行機もろとも撃墜するほうが、ずっと確実で有効なことがはっきりした」からである。

言い換えれば、「日本海軍は、戦闘機をもって制空権をひろげることが航空戦の基本だという新しい兵術思想を、世界に先がけて導入」したわけである。

そして、この戦術は、後の大東亜戦争で、「零戦によって大規模に実施されることになった」のであるが、ヨーロッパで第二次大戦末期まで、この戦術が行われなかったのは、そういう戦闘機がなかったからである。

ところが、中国軍が奥地に撤退していく中で、このまま海軍航空部隊が「つねに攻撃を強行し、第一線をはるかにこえて、敵の後方に打撃をくわえるという従来の戦法をとりつづけていくならば、爆撃機は護衛戦闘機の航続距離の限界をこえて、単独で敵の攻撃にさらされることになる」ため、支那事変の初期には、戦闘上の要求をほとんど全て満足させていた九六式艦戦も、こと航続力の点については不十分であった。

このため、もし戦闘機の護衛なしに攻撃機を敵の奥地ふかく出撃させれば、攻撃機は敵機のエジキになることは明らかであった。こうした問題を解決するには、航続距離の長い新しい戦闘機を開発しなければならなかった。

それが新たに設計開発された十二試艦上戦闘機(略して、十二試艦戦)、即ち「零戦」だったのである。

九六式艦戦の最期

この九六式艦戦の誕生を契機として、「日本の飛行機設計者のあいだに、自分の頭で考え、自分の足で歩くときがきたという自覚が広がった。九六式艦戦は、まさに日本航空技術を自立させ、以後の単発機の型を決定づける分水嶺であった」

だから、九六式艦戦を「日本航空史上に燦然とかがやく金字塔とよんで、異論をとなえる人はまずなかろう」

「海軍の九七艦攻（とくに三菱の）、九九艦爆（愛知）、零式観測（三菱）、陸軍の九七司偵（三菱）、九七戦（中島）などは九六艦戦の直接影響下に生まれたものであり、その他のものもその後のものも、大なり、小なり九六式に直接負うところがある」からである。

そして、「大東亜戦争全域に活躍した、これらの機種を」生みだす、原動力になった点を思いあわせると、もし九六艦戦の出現がなかったか、あったとしてもそれがおくれたか、あるいは失敗していたとすれば、その後の日本航空技術は、その様相をかえていたにちがいないのである。

その意味で、本機も零戦とともに、「まさにクレオパトラの鼻であった」と言ってもよいであろう。

「各空母で使用していた九六艦戦も、零戦の登場によって、しだいに代替され、大東亜戦争勃発のさい、主力空母で形成する第一航空艦隊のうち、第一、第二および第五航空戦隊の大型空母六隻は、すでに零戦を搭載していた。

しかし、第三、四の両戦隊は、中ないし小型空母であったためもあり、いぜん九六艦戦を搭載戦闘機として使用し、それぞれ対空・対潜といった初戦の各任務に従事した」のである。

真珠湾攻撃の二日前、九六式艦戦を搭載した空母「竜驤」はパラオを出撃し、搭載飛行隊を発進させて、ダバオを空襲した後、引き続いてダバオ攻略戦に参加した。その後、九六式艦戦は昭和十七年三月末まで、ジャワ、アンダマン等の攻略戦に従事したが、これが実戦における「艦上戦闘機」としての最後の出撃であった。

この作戦の後、空母「竜驤」は内地に帰還して北方部隊の指揮下に入り、九六式艦戦を降ろして零戦を搭載するのであるが、その後も、九六式艦戦は練習機として、あるいは沖縄戦では特攻機として活躍し、最期まで、その使命を立派に果たすのである。

「戦闘機史上、画期的な成功をおさめた九六艦戦の後継機として」、昭和十五年七月二十四日に制式採用された零戦は、「終戦にいたるまで、十数回におよぶ改修につぐ改修がおこなわれ、とうじの日本海軍主力戦闘機として活躍」するのであるが、大戦末期に、敵の新鋭機が次々と出現する中で、「老いたりとはいえ、バランスのとれたまろやかな性能と、初期におけるその威力は絶対的で、その寿命の長さとともに、名機とよぶにふさわしいものである。

航空技術のはげしい進歩のなかにあって、零戦ほどの寿命をもちつづけた戦闘機は、他にスピットファイア、メッサーシュミットMe‐一〇九、ノースアメリカンF八六Fセーバー」以外に、例を見ないであろう。

それでは、次に大東亜戦争の陰の主役である名機「零戦」の偉大な一生をたどることにしよう。

名機「零戦」その誕生の背景

海軍航空本部が次期戦闘機である零戦の試作機として、十二試艦戦（A6M1）の計画要求書案を三菱と中島の両社に内示したのは、支那事変直前の昭和十二年五月十九日であった。

これに従って、三菱は、六月五日から十二試艦戦の翼断面型の風洞実験を開始したが、翌月に支那事変が勃発して、前途に予断が許されなくなったため、それまで十一試艦上爆撃機の基礎製作の作成に追われていた堀越技師たちは、海軍航空本部から十二試艦戦の開発を急ぐように命じられた。

そして、支那事変で活躍した九六式艦戦の戦訓から得たものを新たに盛り込んだ正式の計画要求書が十月五日に、海軍航空本部から交付されてくるのであるが、後に、この十二試艦戦の設計主任となる堀越技師が、「海軍から出されたこの戦闘機の性能要求は、不可能と思えたほど苛酷であった」と述懐しているように、この計画要求書の内容は、「とうじ世界の水準をぬくといわれた九六式艦戦の諸性能を、さらに一段と飛躍させようとするもので、文字どおり、世界一の艦戦をねらったものであった」

堀越技師は、その著書で海軍航空本部から新たに交付された計画要求書の印象について、次のように述懐している。

『昭和十六年十月六日のことである。私は、名古屋市の南端、港区大江町の海岸埋立て地にあった三菱重工業名古屋航空機製作所へ、いつものように定刻すこしまえに出勤した。十年まえ入社して以来、飛行機の設計という仕事にたずさわってきた私の仕事場がここだった。

この日は、さきごろからわれわれの設計グループが設計して量産にはいっていた海軍戦闘機の改修設計などで、あいかわらず忙しい一日になりそうだったが、それほどむずかしい仕事はない予定だった。私は、会社の本館についていた時計台を見上げながら、その玄関をはいり、いつものように三階まで階段をのぼると、機体設計室のドアを押して中に入った。

広い部屋には、半数以上の設計課員のほかに、すでに設計課長の服部さんが来ており、待ちかねたように、私を席に呼んだ。そして、私の顔を見ながら、

「来ましたぜ。」

と差し出されたのが、カナまじりの和文タイプで打たれた一通の書類だった。見れば、「十二試艦上戦闘機」とある。私は、くるものがきたな、と思った。

……「十二試」とは昭和十二年試作発令、艦上戦闘機とはもちろん航空母艦上から発着する戦闘機のことである。

しかし、その内容にざっと目をとおした瞬間、私は、われとわが目を疑った。五月以降私が予想していた新戦闘機でも、たしかに、すでにいままで作った戦闘機をそうとうレベル・アップしたものではあったが、私はさほど困難なくこなせる自信もあったのである。ところが、この要求書は、当時の航空界の常識では、とても考えられないことを要求していた。もし、こんな戦闘機が、ほんとうに実現するのなら、それはたしかに、世界のレベルをはるかに抜く戦闘機になるだろう。しかし、それはまったく虫のよい要求だと思われた。

全体で二十項目近くこまごまと記されたこの要求書は、とくに重要なところだけを要約してみると、つぎのような内容をもつものであった。

用途……掩護戦闘機として、敵の戦闘機よりもすぐれた空戦性能をそなえ、迎撃戦闘機として、敵の攻撃機をとらえ、撃滅できるもの。

大きさ……全幅、つまり主翼のはしからはしまでの長さが十二メートル以内。

最大速度……高度四千メートルで、時速五百キロ以上。

上昇力……高度三千メートルまで三分三十秒以内で上昇できること。

航続力……機体にそなえつけられたタンクの燃料だけで、高度三千メートルを全馬力で飛んだ場合、一・二時間ないし一・五時間。

増設燃料タンクをつけた過荷重状態で、同じく一・五時間ないし二・〇時間。ふつうの巡航速度で飛んだ場合、六時間ないし八時間。

離陸滑走距離……航空母艦上から発進できるようにするため、むかい風秒速十二メートルのとき七十メートル以下。（無風ならこの二・五倍内外）

空戦性能……九六式艦上戦闘機二号一型に劣らないこと。

機銃……二十ミリ機銃二挺。七・七ミリ機銃二挺。

無線機……ふつうの無線機のほかに、電波によって帰りの方向を正確にさぐりあてる無線帰投方位測定機を積むこと。

エンジン……三菱製瑞星一三型（高度三千六百メートルで最高八百七十五馬力）か、三菱製金星四六型（高度四千二百メートルで最高千七十馬力）を使用のこと。

こういう戦闘機を、海軍はわれわれに作れといっているのだ。私は、要求書を机の上に置くと、どっかと椅子に腰をおろした。これらの項目は、ざっと全体をながめまわしただけで、私の心を重苦しくさせるに十分であった。

用途の項に明記されているように、この戦闘機は、掩護戦闘機であるとともに、迎撃戦闘機でもなくてはならない。掩護戦闘機とは敵地深く進入し、爆弾によって敵を攻撃しようとする味方の攻撃機を、敵の戦闘機から守る役目を持つ戦闘機である。だから、とうぜん、敵地深く進入できるだけの長い航続力と、敵の戦闘機に打ち勝つに十分な速度と空戦性能が要求される。また、迎撃戦闘機とは、攻めてくる敵の攻撃機や掩護戦闘機を迎え撃つ戦闘機だ。とうぜん、上昇力と速度を生命とし、また、機銃などの火力も大きくなってはならず、もちろん、敵の掩護戦闘機を打ち負かすだけの空戦性能をもっていなくてはならない。

とくに私の目を釘づけにしたのは航続力と空戦性能の項であった。当時の戦闘機がふつうもっていた航続力を大幅に二倍程度にまで伸ばし、しかも当時、空戦性能においては、世界にその右に出るもののなかった九六式艦上戦闘機、略して九六艦戦の二号機一型よりすぐれた空戦性能をもたなくてはならない。速度も、九六艦戦の最大速度四百五十キロを大幅に抜く五百キロを要求した。これは当時活躍していたどの戦闘機にもまさるものであった。さらにその九六艦戦では七・七ミリ機銃二挺しかなかったものを、それより格段に重装備で、七・七ミリ機銃とはちがい、爆薬をしこんだ炸裂弾《さくれつだん》を発射する二十ミリ機銃を、二挺加えよといっている。

無線機の項に記されていた無線帰投方位測定機は、従来、爆撃機や偵察機など長距離飛行が必要な飛行機につけられていた例はあったが、一人乗りの戦闘機にこれを装備するのは、世界でもはじめてのことであった。これを見ても、この戦闘機がいかに長大な航続力を要求されていたかがわかる。

たとえば、ほかの性能を犠牲にして、航続力なら航続力だけ、空戦性能なら空戦性能だけが、ずば抜けてすぐれた飛行機を作るのは、そうむずかしいものではない。しかし、この要求では、航続力と空戦性能がともに世界のレベルからずば抜けて高く、しかも、その他の性能の一つ一つに、まだ試作段階にあるものまで含めた外国の新鋭戦闘機にくらべても、最高のレベルにはいることを要求していた。たとえていえば、十種競技の選手に対し、五千メートル競走で世界記録を大幅に破り、フェンシングの競技で世界最強を要求し、その他の種目でも、その種目専門の選手が出した世界記録に近いものを要求しているようなものであった。そのような能力を一身にそなえた戦闘機など、作れるだろうか。

とくに、空戦性能に対して、長大な航続力、二十ミリ機銃などの要求は、常識的に考えても、おたがいにあいいれない要求であった。空戦性能をよくするには、身がるにひらりひらりと飛べることが必要だから、とうぜん、機体ができるだけ軽くなくてはならない。しかし、航続力をのばすためには、それだけ多く燃料を積まねばならず、また、そのために必要となる装備のため、とうぜん機体の重量がふえる。これに加えて、いままでなかった二十ミリ機銃を装備するとなると、ますます重量がふえてしまう。これは、まったくのジレンマだった。

私は十年来、飛行機設計の仕事をやってきて、戦闘機は、「こちらを立てればあちらが立たず」という性質の強いものであることを、いやというほど思い知らされていた。戦闘機はとうぜん、ほかの飛行機にくらべて、桁《けた》ちがいに激しい運動をする。そのため、遠心力によって機体のすべての部分の重量が増した状態になり、もっとも激しい運動をするときは、ふつうの状態の七倍にもなるのである。飛行機とは、そもそも空中に浮かんでまっすぐ飛んでいるだけでも馬力を必要とする乗り物である。だから、空戦における高速飛行や、激しい急上昇や、急旋回を生命とする戦闘機では、なおさらのこと馬力を食うことになり、それだけ機体の重量を減らすことが重要な課題となってくるのだ。

ただでさえ、このような困難な宿命を背負っている戦闘機なのに、この要求書では、なにからなにまで機体の重量をふやす要素ばかり多く、この困難をさらに何倍にもしていたのであった。

……五月の要求案にはなかった長大な航続力の要求は、この年の夏に起こった日華事変の華中戦線における教訓によるものにちがいなかった。……あらためて、戦闘機によって空の主導権を握ること、つまり制空権を確保することが航空戦の基礎であることが、はっきりと実証されたのである。

大型機を落とすために二十ミリ機銃をもち、同時に、攻撃機を護衛して敵基地まで長距離を往復し、しかも、そこで待ちかまえている敵の戦闘機にうち勝つ空戦性能をもたせたいという要求は、このようなことを背景にして生まれたわけであろう。

私は、この計画要求書に、日本の国のせっぱつまった要請を聞く思いがした。

「これはまた、難題をつきつけてきたものだな。」

私は、秋の日がすでにかげりかけた設計室の中で、しばらくのあいだ、この書類を見つめたまま、考えこんでしまった』

こうして、堀越技師の頭の中は、その日の内から「十二試艦戦の構想に、ほとんど独占されることになった」のである。

十二試艦戦はいかに開発されたのか

九六式艦戦を設計した当時、「考えられる限りの技術を駆使し、望みうるギリギリの線までの努力を経験した」堀越技師には、これまで「二つの新型の飛行機の設計をやりとげたが、どれも最初はみんな大へんな難事業のように思えた」

しかし、堀越技師は、「日本に飛行機がはいってから二十年いく年、先進国の後から数年おくれてついて行くのが常識のように考えられてきた日本の設計者の考え方を、ひとり立ちするよう先導役をつとめることができたのだから、今度は、この十二試のような世界のレベルを抜く新戦闘機を作ることも、頭をはたらかせれば、不可能なことはないだろう」と思って、みずからを励ましたのである。

そう考えているうちに、やがて十二試艦戦の設計作業に本格的に入っていくのだが、堀越技師が十二試艦戦という難事業を前にして思ったことは、「とにかくこれまでの常識によりかかっていたのでは、どうしようもないだろうということだった。普通の設計者の考えそうもないことだが、設計のしきたりや規格を、神格化して鵜のみにするようなことをやめて、その根拠を考え、新しい光を当ててみたらどうだろうか。九六艦戦のときには、がらりと機体の形を変えるような手が残されていた。こんどは、人の踏みこまない奥のほうに、一歩踏みこむ余地はないだろうか」

堀越技師の設計チームは、この設計要求書に基づいて、十二試艦戦の第一号機の完成目標を昭和十四年一月に置き、十二試艦戦の開発を進めたのである。

先に述べたように、十二試艦戦の設計要求は、「九六艦戦で、近代航空戦を作戦した日華事変初期の戦訓と、そのほかの技術の進歩を組み合わせ、練り上げられてうまれたものである」が、「九六艦戦に比べて、速度、航続力、火力の増強に重点」が置かれ、「運動性は依然として重要であるとうたっていた」

だが、「要求の一つ一つの項目は、航続力（おそらく世界で初めて無線帰投方位測定機を単座戦闘機に装備したことでも判断できる）と空戦性能（掩護先で敵の軽戦闘機に打ち勝つこと）を除けば、外国の新鋭戦闘機と比べて、最高の水準にはあるものの、ズバ抜けて高いものでなかった」

そこで、堀越技師は、「その項目のすべてを一身に兼ね備える戦闘機」を開発するために、「まず飛行機のおおまかな重量の見積もりと、エンジンの選択からとりかかった。実用機の中で、戦闘機ほど、エンジンによってその性能を左右される機種はない。エンジンがきまれば、機体の大ざっぱな図が描けるとさえ断言できる」からである。

このためエンジンの候補に上がっていた三菱の「瑞星一三型」と「金星四六型」のうち、馬力の大きい金星のエンジンよりも、重量の少ない端星のエンジンを使うことにした。「金星は端星とくらべて大馬力を出せるかわりに、エンジン自体のサイズも大きく、目方も重く、多くの燃料を食う。そのため機体も重くなるし、燃料の重さもよけいにふえる。それだけの重量をささえるには、主翼も大きくしなければならないし、それにつりあうように、胴体の尾翼も大きなものにしなければならない。また脚も大きくがんじょうにしなければならない。このように、機体全体が雪だるま式に大きくなってしまう」からである。

エンジンの選択が決まると、堀越技師は、次に端星の「エンジンをとりつけた機体の、おおまかなデッサン」を描くために、「九六艦戦の外形を、さらに洗練し、スマートさと、ぴんと張りつめた感覚を持たせたようなスタイル」にした三面図を描いた。

問題は、主翼の形だった。これについて九六艦戦から一歩進歩したものを考えていた堀越技師は、「当時、単葉機の主翼の平面形を、楕円に近い形にするのが流行していて、九六艦戦にもそれをとりいれていたのだが、こんどの十二試艦戦では、思いきって、ぴんと伸ばしたような直線テーパー（先細型）にしようと思っていた。こうして、主翼を描き、それにつりあうような形の水平尾翼を描くと、いよいよ十二試艦戦のイメージがはっきりしてきた。その後、さらに綿密な計算によって、精密な三面図が完成するが、形と寸法を正確に決めるのに、もっとも手数がかかるのは主翼だった。主翼内におさめる引込み脚と二十ミリ機銃の翼内装備をくわしく図に描いて決めたのちに、はじめて、主翼の平面図と厚さが決まる」

このようにして、十二試艦戦、のちの零戦の外形が決まっていったわけであるが、「じつは、これから、もっとくるしい時期にさしかかるのである。このような外形をもった機体に、海軍が要求するようなさまざまな性能を盛りこむための、文字どおり血のにじみ出る努力が」、彼らを待ち構えていたからである。

昭和十三年一月十七日、「十二試艦戦の計画要求書に関する、官民合同の研究会」である計画要求研究会が横須賀にある海軍航空廠の会議室で開かれた。

海軍側から「中国大陸における戦闘の前途、国際情勢の緊迫化」の説明や、十二試艦戦の重要性が強調されると、今度は民間側を代表して、堀越技師が「世界を見渡しても、このたびの戦闘機に対する目標は、あまりにも高すぎるように思います。要求されている性能のうち、どれか一つか二つを引き下げていただけないでしょうか」と率直に意見を述べたが、予期したとおり、「引き下げられない」という回答であった。

三菱の代表四名が海軍航空廠から帰ってくると、おもだった設計技師たちが集まって、構想から設計に移すための具体的な設計方針が決定されると同時に、五班（計算班、構造班、動力艤装班、兵装艤装班、降着装置班）からなる設計チームが編成されたが、その中の計算班には戦後、日本初の国産旅客機ＹＳ11の設計主任となる東條輝雄（東條英機元首相の次男、戦後三菱重工副社長、三菱自動車社長および会長を歴任）もいた。

堀越技師を中心に、約三十名からなる設計チームの平均年齢が二十四歳、設計主任の堀越技師の年齢が当時三十四歳だったことから見ても、三菱の経営トップ陣が彼らを起用したのは、中島飛行機から海軍戦闘機の発注を取り戻すには、常識にとらわれないで斬新な発想ができる新進気鋭の若い技術者を起用するしかないという、執念にも似た気持ちが強かったからであろう。

このように、若手を中心に設計チームを編成した堀越技師は、「九六式艦戦で自分の持っている知恵と工夫は出し尽くした。それ以上、ほかに奇想天外な妙手などはあり得ない。従来の考え、やり方を、地味にきめ細かく、かつ徹底的にやるほかはない」と考え、この二ヵ月の間、設計方針について、あれこれと考え続けてきた末、設計の問題点を次の四つに整理した。

一つは、エンジンの選択である。「これは、すでに端星を使うことを決定していたし、とくに、一月に開かれた計画要求研究会の空気で、まったく動かないものとなった」

次に、プロペラの問題であるが、これは海軍の指定により、従来の戦闘機に使っていた固定ピッチ式ではなく、アメリカのハミルトン社の製造権を買って住友金属が開発した定回転プロペラという新式のものを使うことになった。

定回転プロペラとは、恒速プロペラとも呼び、「常に発動機の公称回転を保つように、自動的にプロペラ羽根のピッチ（著者注：角度）が飛行速度の変化に応じて調節される方式のものである」

このプロペラなら、「速度に応じてプロペラ翼のひねりの角度が自動的に変わり、つねに最大の馬力で飛べる」ため、「低速から高速までの変化のはげしい空戦で、その威力を発揮」できるのである。

「戦闘機は空戦中速度変化が頻繁だから、固定ピッチあるいは二段可変ピッチプロペラでは発動機は公称回転数を保ち得ず、従って公称出力を発揮できない。そこで変節が速度変化に敏速に自動追随し、かつ信頼性があれば恒速プロペラが断然有利である」

三つ目は、重量軽減対策の問題であるが、これが設計チームで最も苦心した問題であった。「この十二試艦戦における重量軽減管理は、おそらくそれまでの世界の飛行機設計の歴史はじまっていらいの徹底ぶりであった」が、「この重量軽減のためにとった具体的な点をあげてみると、次のようになる。

第一に、「低翼単葉の主翼を左右各一枚につくって、従来（九六式艦戦）の中央翼との結合部分の金具の重量を軽減」した。

第二に、「主桁に新材料の住友超々ジュラルミンの押出型材を、わが国ではじめて使用することになり、従来機に比し大きな重量軽減」を行った。

第三に、「胴体や翼内、その他各構造部分も入念な強度計算をしながら、徹底的に肉落としを実施（こまかいところまで薄くし、孔をあけて重量軽減をはかる）」した。

「計算では、機体重量（二千三百キロ）の十万分の一、すなわち二十三グラム単位で重量管理をする予定だったが、実際には百万分の一、すなわち二・三グラム単位で重量をへらす徹底的な管理をやった」

この重力軽減対策の問題と並行して、設計チームが苦心したのが、四つ目の空力設計、「つまり空気抵抗を減らし、安定性、操縦性をよくするための設計であった。飛行機の速度を増し、航続距離を伸ばすためにも、また空戦能力をよくするためにも、機体は空力的にとことんまで洗練しなければならない。まず、胴体は、二十ミリ機銃を撃ったときの反動でぐらつかないよういくぶん長めにし、パイロットの視界を良くするため胴体から突き出した型の風防をつけた」

さらに、この空気抵抗を減らすために貢献した技術が沈頭鋲と引込み脚であった。

沈頭鋲については、既に九六式艦戦のところで説明しているので省略するが、引込み脚の方は、このとき、日本で初めて採用したものであり、「重量的には不利になるが、高速化に伴う空気抵抗、および航続距離の低下」を防ぐ上で必要なものであった。

十二試艦戦には、「翼面荷重を抑えて高い運動性能を与えること、主翼に大きな燃料タンクを与えることが開発目標として挙げられていたため、これまでの小型戦闘機とくらべ、大きな主翼になることは早くから決まっていた。そのため主翼に足を収めるスペースが確保できた」のである。

また「作動は油圧で、翼の内側に折りたたんで収納される。翼に主脚がつくことで主脚の間隔を広くでき、離着陸時の安定性を高めることができた」し、「尾輪まで収納するという徹底ぶりだった」

最後の問題は、主翼の断面型に何を利用するかということであった。これには、九六式艦戦で使った翼型にさらに改良を加えた三菱一一八番型という翼型を使うことにしたが、当時の「三菱が作った翼型のなかではもっとも優秀な特性をもつものであった」

次に、最も問題となるのは、主翼の面積である。もし十二試艦戦のように積載量（大量の燃料、二十ミリ機銃、引込み脚など）が多く、馬力の小さいエンジンをつけた飛行機に、小さい翼を取り付けると、「上昇が悪く、離着陸の距離が長くなり、それに小まわりがきかず、活発で軽快な運動ができなくなる。そうすれば、かんじんの空戦で劣勢になり、せまい中型母艦から飛び立つにも不適格となってしまう」

そこで、「これまでの経験や内外のデーターをもとに、十分な翼面積を与え、翼の長さも要求書に記されたぎりぎりの十二メートルとすることにした。こうするとさきに述べた旋回性能や離着陸に関しては目的を達しうるが、重量はふえるし、抵抗が増して、水平速度、急降下速度、横の運動性などに対してはマイナスとならざるをえない。しかし、旋回性能や離着陸の要求のほうが強かったし、また、こうすることで、胴体を長くしたこととあいまって、二十ミリ機銃を発射したときの安定性をよくすることもできるので、この方針を貫くことにした。速度は翼面積の減少に頼らず、空力的洗練で抵抗を減少し、それによって獲得することにした。

その他、脚の引込み、二十ミリ機銃、燃料タンクなどの翼内の装備のことなども考慮に入れて主翼の形は決まった。ただ、これだけ必要な要件をすべて盛りこんだあとに、その外形をどのような線で形どるかは設計者の好みにまかされる」

そこで、「九六艦戦で楕円形に近いやわらかな線をもった主翼を作った」ことに対して、「こんどは、すなおな直線型を基調とし、翼端は単純な円弧より感じのよい放物線形にして、きりっとひきしまった感じをもたせた」

この他に、主翼に「翼端の捩《ねじ》り下げ」を採用した。「これは、じつは九六艦戦に、空戦性能を向上させる目的で、すでに取り入れていた方法で」あった。

「捩り下げとは、主翼の迎え角《かく》、つまり進行方向に向かって仰向《あおむ》いている角度が、翼端に近づくにつれ、小さくなるようにすることを言う。

こうすると、主翼のつけ根と、翼端とでは迎え角がちがって捩れた形の翼になる。これがなぜ空戦性能の向上に役立つかというと、ふつうに翼全体を一様の迎え角にしておくと、この飛行機のような先細翼では、機全体が大きな迎え角で飛ぶとき、まず翼端のほうから翼が揚力を失って、いわゆる翼端失速という現象を起こす。

このため意図しないのに片翼が下がり、横の安定性が悪くなってしまう。だから、あらかじめ翼端の迎え角を小さくしておけば、飛行機全体が大きい迎え角で飛ぶときも、翼端失速を防ぐことができる。この方法を、十二試艦戦にも取り入れた」

また「この捩り下げは、主翼の外観をちょっと見たぐらいではわからないくらい微妙なものである。だから、この方法を最初に取り入れて効果を上げた当時、もし三菱が捩り下げを黙っていれば、他社はその空戦性能の秘密にすぐには気づかなかっただろう」

「このほかにも、さまざまな新機軸が打ちだされた。たとえば、航続力の増大のためには、機体の抵抗を減らし、エンジンの燃料消費率を引き下げるという方法のほかに、従来から物はあったのに活用されていなかった落下式増設燃料タンクを、抵抗の少ない、しかも落下の容易なものとし、これでちょうど往路をまかなうことにする。空戦に突入するときは、これを切り離して捨てるという寸法である。このように、計画された容量を持ち、しかも流線形をした落下タンクは、世界でもはじめてのものであった」

このように、十二試艦戦の設計が一歩一歩進んでいったわけであるが、「同じ十二試艦戦の競争試作の注文を受けた中島飛行機が、競争試作を辞退した、という報告を受けたのは、ちょうど、こんな雰囲気のなかで仕事に没頭していたときであった」

堀越技師には、中島飛行機の設計チームの苦しみがよく分かった。三菱でさえ、「こうした連日の努力にかかわらず、なかなか要求どおりの性能が出る確信はもてなかった」からである。

堀越技師は、海軍では「航続力や速度、空戦性能という、おたがいに相いれない性格を盛った要求に対して」、「どれとどれをもっとも重要視しているのか」を知りたいと思っていたが、この疑問に回答を得る十二試艦戦計画説明審議会が昭和十三年四月十三日に、横須賀の海軍工廠で開かれることになった。

この日、堀越技師は、機体の「設計内容をひととおり説明したあと、かねて思い悩んでいた問題」について、次のように率直に発言した。

「計画説明書の中に示すように、エンジンの性能向上がなく、そのうえもしも定回転プロペラがつかえないものとして、性能を平均的に要求値に近づけようとすると、計画要求より速度が約十五キロ低く、格闘性能は九六式艦戦二号一型より劣るものにならざるをえません。エンジンの性能が向上し、定回転プロペラの信頼性が高まれば、話は別ですが……」

源田実

さらに「航続力、速度、格闘力の三つの性能の重要さの順をどのように考えておられるのでしょうか、それをおうかがいしたいと思います」と、付け加えると、横須賀海軍航空隊戦闘機隊長の源田実少佐は、「九六艦戦が戦果を挙げえたのは、相手より格闘力がすぐれていたことが第一です。もちろん、計画要求は確実に実現してもらわなければならないが、堀越技師の質問にあえて答えるとすれば格闘力を第一にすべきと考えます。これを確保するためにやむをえないというならば、航続力と速度をいくらか犠牲にしてもいたしかたないと思います」と、明快に意見を述べた。
だが、この意見に対して、航空廠戦闘機主務部員の柴田武雄少佐から、次のような反対意見が出された。
「日華事変の戦訓が示すとおり、敵戦闘機によるわが攻撃機の被害は、予想以上に大きいので、どうしても航続力の大きい戦闘機でこれを掩護する必要があります。また、逃げる敵機をとらえるには、すこしでも速いことが必要です。格闘性能の不足は、操縦技量、つまり訓練でおぎなうことが可能だと思います。いくら攻撃精神が旺盛で、技量がすぐれているパイロットでも、飛行機の最高速度以上出すことは不可能だし、持ちまえの性能以上の長距離を飛ぶこともむずかしい。だから、速度、航続力を格闘性能よりも重く見るべきだと思います」

その後も両者の間には、白熱した議論が繰り返されたが、結局、「両者はたがいにゆずらず、また、この論争の黒白を判定できる人もいなかった」ため堀越技師は、「この交わることのない議論にピリオドを打つには、設計者が現実に要求どおりの物を作ってみせる以外にはない」「いままでにきめた設計方針にそって、重量軽減と空力的洗練を、徹底的にやりとおそう。そして、エンジンの馬力向上と定回転プロペラの実用化を促進してもらおう。そうする以外に、残された道のないことを、深く心に刻んだのであった」

以上のように、関係者全員が十二試艦戦に対して意欲を燃やし、懸命の努力を重ねたのであるが、この十二試艦戦が実を結んだのは、『なんといっても七試艦戦、九六式艦戦という貴重な土台、骨格があって、その延長線上になりたったものだからである。

すなわち「七試艦戦」→「九六式艦戦」→「零戦」は、技術的に一本のものである。ただ単に、過去の技術の実績や教訓を生かしたというよりも、堀越技師が身をもって体得した苦心が、ここにはじめて開花した、といった方が正しいと』いえるだろう。

これまで見てきたように、九六式艦戦の開発で成功したものは、そのまま全て十二試艦戦に適用できたことがわかるだろう。例えば、沈頭鋲、片持式低翼単葉方式、全金属製など、細かい所まで、たくさんの工夫が十二試艦戦には生かされているのである。

試験飛行の開始

三菱は、この試作機の完成検査日を三月十七日と定めたが、堀越技師によれば、「完成といっても、まだ内部にはいくらも細かい作業が残っており、ぴたりときょうが完成日というような日はない。ひきつづく作業の途中で」、「全体的な検査ができる日を見はからって、完成検査というものを行う。言ってみれば、この完成検査の日取りを、いちおうこの試作機の完成という区切りにするならわし」であったらしい。

「この完成検査から一週間ほどして、試作工場で残工事を終え、数個の部分に分解され梱包された一号機は、三月二十三日午後七時過ぎ、牛車二台に分載されて、名古屋市の南はずれ、港区大江町の工場を出発、名古屋市内を夜のうちに通過し、小牧、犬山をへて、まる一日がかりで、約四十八キロ離れた岐阜県各務原飛行場の片隅にある三菱の格納庫」に到着したが、この試作機の運搬に、わざわざ牛車を使ったのは、当時、岐阜市と犬山のほぼ中間にあった飛行場へ行くには、穴ぼこだらけの曲がりくねった道しかなく、トラックで運搬すると、ガタガタと揺れて傷がついてしまうからであった。

飛行場に試作機が到着すると、「その晩から昼夜兼行で、初飛行まえにすまさなければならない残工事、総点検、試運転、作動部のテスト、出先でできる手なおし、手入れ、重量と重心の再測定などがなされた」後、初飛行は四月一日に決定された。

堀越技師は、その著書で初日の試験飛行について、次のように回想している。

「明けて四月一日、試験飛行の初日がきた。気象台の予報のとおり、空には一点の雲もなく、みごとに晴れあがっていた。私は各務原に着くと格納庫に行って約十日ぶりで一号機に対面した。私たちが使わせてもらっている各務原の飛行場には、陸軍の建物をはさんで、陸軍の飛行一連隊と二連隊の飛行場が東西に隣り合っていた。この日も、陸軍側の飛行訓練がしきりに行われており、それが終わってからでないと、飛行場を長く使う飛行試験は始められない。

午後四時、陸軍の飛行機は飛行を終わった。風向きは西、風速は毎秒三メートルと報告された。……係員が格納庫に駆けこみ、機体が引き出された。格納庫から外に出された機体は、春の午後の明るい陽ざしを浴びて一瞬まぶしく光った。

機体は数人の係員に押されて飛行場の芝生の上に出、機首を西に向けて左右の車輪に歯止めがかけられた。整備員たちはそれぞれの持ち場に立ち、私たちはややはなれて飛行機を囲むようにして立った。……はじめてこの試作機を大空にはばたかせるテスト・パイロットは、ベテラン志摩勝三、新進の新谷春水の両操縦士であった。

……竹中工師がエンジンの運転をはじめ、バリバリという爆音とプロペラの空気を切る音の中で各部分の慎重な点検が終わると、飛行服、パラシュートに身を固めた志摩操縦士が、さっそうと飛行機に歩み寄った。彼の右足の股《もも》のところには、操縦中に試験結果を記録するための記録板がくくりつけられている。その板にはさまれた白い記録用紙が、いかにも試験飛行らしい雰囲気をかもし出していた。

……第二回目の地上滑走試験を行った後、志摩操縦士はジャンプ飛行可能と報告した。ジャンプ飛行というのは、滑走から速度をはやめて地上数メートルほどのところをまっすぐ飛び、すぐ着地することである。

午後五時三十分、すでにかなり暮色のたちこめた飛行場の東端から、機は決然としていままでに数倍する爆音を上げて滑走をはじめた。人びとの視線は、地上を走るこの一塊に集中される。機は真一文字に軽い砂煙を上げながら、西に向って突っ走った。私は大空のものになるべくして生まれたこの試作一号機が、はじめて目のあたりにそのものになる瞬間を息をのんで見守った。飛行場の東西方向、四分の一ほどのところまで、ぐんぐん速度を上げて滑走した機は、グイーンというような加速音とともに、ついにふわりと浮き上がった。そして、そのまま十メートルほどの高さを保ちながら、われわれの立っている前を、あっというまに通りすぎた。機はそのまま一直線に五百メートルほど飛んだのち、無事、接地した。エンジン音がやや低くなり、着陸の反動で、機体が上下にふわふわと大きく揺れたのが砂煙の向こうに認められた。

機は飛行場の西端で方向を変え、軽快な爆音をあげながらもとの位置に帰ってきた。

志摩操縦士は事もなげに風防をあけると、主翼に軽く足をかけ、とんと地面に降り立った。いつものことながら、全員の視線を一身に浴びて、剛気な彼には似合わず、ちょっと面映ゆそうな顔をしたように見えた。私たちはわれ先に彼のまわりに群がった。

彼は息をはずませるようにして「三舵の効き、三方向のつりあいともに良好！ ただし、ブレーキの効き不良」と報告した。「三舵とは、水平尾翼につけられた昇降舵、垂直尾翼につけられた方向舵、主翼の両端近くにつけられた補助翼のことである。

……ジャンプ飛行は、この一回で終了した。そして、ただちにこのあと飛行機になじむための慣熟飛行と平行に、安定・操縦性の検討にはいることにし、各部の点検、手直しをくりかえした」

不審な振動

その後、試作機は十二日までに、志摩・新谷両操縦士によって脚出し状態で低速の慣熟飛行を六回にわたって行ったが、その結果、試作機の「三舵は九六艦戦に似ている」が、「上昇中、水平飛行中、エンジンをしぼって滑空中とも、そうとうの振動がある」ことがわかった。

堀越技師は、試作機の三舵が操縦士から高い評価を受けている九六艦戦に似ていることが分かって満足したが、予期せぬ振動の発生には、すっかり頭を抱えてしまった。

十四日に、「はじめて脚を引っこめ、速度を上げて急旋回や宙返りなどの特殊飛行試験をはじめる日が来た。いままで、飛行機としての基本的な性質を試験してきたこの試作一号機が、この日からいよいよ、戦闘機として、その資格がためされるのである」「機は、二、三千メートルぐらいの高度で急上昇と急降下を何回かくりかえし、また宙返りや急旋回を何度も行った。そのたびに、鋭いエンジン音が大空いっぱいに広がり、甘い花の香を含んだ春の空気をビリビリと振るわせた」「ぴんと張りつめた翼は、空気を鋭く引き裂き、反転するたびにキラリキラリと陽光を反射した」

このとき、堀越技師は、『自分がこの飛行機の設計者であることを忘れて、思わず「美しい!」と咽喉《のど》の底で叫んでいた』

『この日の飛行試験と、いままでの飛行試験全般を総合して、二つの大きな問題点がクローズアップされた。それは、「振動は、脚を引っこめても減らない。昇降舵の効き、重さは、低速では九六艦戦とよく似ているが、速度を出すにつれ、操縦桿をすこし動かしても、目立って重すぎ、効きすぎとなる」という点だった』

まず、最初の振動の問題点については、「十二日までは脚を出したままの飛行だったため、脚を引き込めば振動は収まるかと思われた」が、「いっこうに収まる気配はない。やがて、エンジン、プロペラの振動と機体の固有振動が共鳴していることがわかった。二つの振動数が同じ場合、共振となってより大きな振動となる」からである。

そこで、当初、二翼プロペラだったのを三翼プロペラに交換して共振を抑えようと試みたが、この試みは見事に的中して振動は半減したため、実用にさしつかえないことがわかった。

「ついで、四月二十五日、最初の試験飛行を行った日から二十五日目、はじめて重量を、三翼プロペラつきで正規に装備すべきものを全部積みこんだ状態の二千三百三十一キロに合わせ、性能と、安定・操縦性の試験をはじめた。その結果、注目されていた最高速度は、計算で出されていた時速四百八十キロという値をすこし上回る時速約十八キロ程度高くなることが判明し、最初のころはあれほど苛酷に見えた計画要求書の時速五百キロさえ、余裕をもって突破できることがわかった」

五月一日になると、『航空本部から、第三号機以降、中島飛行機の「栄一二型」エンジンを装備するようにとの申し渡しがあり、この三号機にA6M2となる記号を与えるとの通達があった。Aは海軍の艦上戦闘機を表し、6はこの十二試艦戦が海軍の艦上戦闘機として六番目のものであること、そして、Mは三菱の頭文字、2はこの三菱の十二試艦戦の二番目の形式であることを示している。試作一、二号機はＡ６Ｍ１であった』

もう一つの問題点

さて、先に述べた、もう一つの問題点（昇降舵の効き）であるが、「いままでのどんな飛行機の操縦系統でも、操縦桿の動きと舵の動きの割合は、低速・高速にもかかわらず、つねに一定のものであった。その構造は、操縦桿と舵とが、金属の管やレバーや、細い針金をよりあわせたケーブルなどでつながれており、操縦桿を動かすと、それに応じて舵が動くメカニズムなっている。そして当時は、これら操縦系統の各部分は、いずれも伸び縮みが少ないように、つまり高い剛性をもつように規定され、設計されていた。つまり、飛行機の速度が変わり、舵に加わる空気力が変わっても、操縦桿の動きに対する舵の動きがあまり変化するのはいけないとされていた。そのため、低速でほどよい効きをみせる昇降舵でも、高速では効きすぎて飛行機の姿勢がガクンと変わる。これは、風の強い日に凧《たこ》がよく上がるのと同じ理屈である。舵の角度が同じでも、そこに当たる空気力が強ければ、それだけ舵が強く効いてしまう。かといって、高速でほどよい効きを得られるように設計したとすると、とうぜん、低速での効きが不足になってしまうのだ。

これをいままでだれも問題にしなかったのは、いままでの飛行機が、低速から高速まで速度の範囲があまり広くなく、したがって、この問題もあまりきわだたなかったからであり、また、そういう操縦系統の欠陥を操縦士のカンと熟練によって、無意識に補っていたからであった。

この問題を問題とせざるをえなかったのは、十二試艦戦の速度の範囲がいままでの戦闘機よりも格段にひろがったこと」や、志摩操縦士が「徹底して、操縦上の問題点の発見に努めてくれたためであった」

堀越技師は、ある日、「高速化した飛行機では、高速飛行中に、舵が効きすぎる欠点」を「ケーブルを伸びやすく、鋼管をたわみやすくする剛性低下方式というアイデアで解決」することを思いつくが、「じっさいに飛行試験してみるまでたしかな自信はもてなかった」

七月六日に、この剛性低下をさらに進めた第二次、第三次の剛性低下飛行試験が各務原で行われることになり、その結果、「昇降舵についてはは満足すべき状態となった。あらゆる緩急の操縦に悪いところはない」という報告を操縦士から受けたことで、飛行試験の最大の問題点が遂に解決された。

堀越技師は、「世界で類例のない細かい神経をもっていた日本のパイロットとともに飛行機を飛ばせ、彼らの言うことを分析、研究して、いま、人間パイロットの運動感覚にマッチする飛行機の操縦応答性をあみだすことができた。何年ののちにか、外国のパイロットも、かならず同じ欲求をもつときがくるであろう。そのとき、日本のパイロットと技術者は、何年もまえにこの問題を考え、解決していたことを知って、きっと驚くだろう」と思った。
「九月十三日、いよいよ各務原での最後の飛行である確認飛行」が行われ、『その結果、海軍側から、「昇降舵の操縦応答性は満足なり。九六艦戦に比し、着陸時の手応えは軽く、効きは余っている」という所見が発表された』
こうして、堀越技師が三菱から「実用実験に移るまでの仕上げを任され、そのうえ、画期的な操縦性の問題の処理を含んだ飛行試験」は、「総飛行回数百十九回、総飛行時間四十三時間二十六分、地上運転回数二百十五回、地上運転時間七十時間四十九分」にまで及び、順調に手際よく運ばれたのである。
そして、「確認飛行の翌日の九月十四日午前九時六分、海軍に受け取られることになった三菱十二試艦戦第一号機」が、「真木大尉に操縦され、まだ朝露のかわききらぬ各務原の滑走路から飛び立って、飛行場上空をゆっくりと一周して東の空に飛び去っていくのを見送った堀越技師と「つい今まで、最後の点検にたずさわっていた竹中工師ら整備員たちの目にも光るものが宿っていた。若い整備員たちは、油に汚れた頬につたう涙をぬぐおうともしなかった」

奥山操縦士の殉職

こうして、「十二試艦戦の試作機がつぎつぎと各務原の飛行場から巣立っていった昭和十五年の春、中国大陸では、三年まえにはじまった日華事変が、ますます根が深くなり、日本はいわゆる泥沼に足をつっこんだような状態に落ちこんでいた。

昭和十三年のはじめごろまで、あれほどはなばなしく報じられていた九六艦戦の活躍ぶりも、このころはあまり聞かれなくなってしまった。これは、中国空軍が九六艦戦の行動半径の外に退いてしまったからであった。奥地に退いて再建をはかっていた中国空軍によって、掩護を伴わない陸攻隊は、しばしば手痛い打撃をこうむり、前線基地も、ときおり爆弾の見舞いを受けるほどであった。

この間、十二試艦戦のすぐれた性能は、ビッグニュースとして、現地部隊にも伝わっていった。そして、この新鋭機を、一日も早く、戦線に加わらせたいという現地の声が高くなった」のである。

こうしたことから、海軍航空本部は昭和十五年四月末までに、十二試艦戦を前線に送ろうと準備していたが、そのころは、まだ新しく採用した定回転プロペラの作動が不確実であったため、航空廠実験部では、その対策と実験に取り組んでいた。ところが、その飛行実験中に、試作機の墜落事故が発生したのである。

「十二試の二号機が、横須賀で空中分解して、パイロットが殉職されたそうだ。すぐ航空廠へ行ってくれないか」

堀越技師は、この言葉を上司の服部部長から聞いたとき、電撃のように胸を打たれ、「頭から血が引いていくのを覚えた」

「飛行機の試験で事故が起こるのは、けっして珍しいことではない。強度試験や風洞試験をくりかえして、じっさいの場合に起こる可能性のある諸問題に対策をこうじてきたが、神ならぬ身に絶対ということはありえず、現実には予測もできなかったいろいろな問題が生じてくるのである」

現に堀越技師は、「七試で二つの例に会っていた。しかし、そのいずれの場合も、パイロットは、パラシュートで脱出し、助かっている。今回の十二試では、いったい、何が原因で、パイロットが助からないような大事故が起こってしまったのだろうか」と思った。

堀越技師は、「名古屋から六時間半、大船ですこし待って乗り換えてから二十分、合計七時間あまりかかって、やっと航空廠のある田浦駅」へ着くと、航空廠の飛行実験部長室を訪れて部長の前に立った。

そのとき、不意に口から出たのは、「申しわけありません」という言葉だった。まだ三菱の設計者の責任であるとは、何も決まってはいないが、「そのときは、この言葉がいちばん適当なように思えた」からである。

その後、堀越技師は、「午前午後をつうじて開かれた会議に列席してはじめて事故の全貌を知った」が、このときに殉職したテスト・パイロットが奥山益美工手《こうしゅ》という練習機と戦闘機で飛行時間二千時間に近いベテラン・パイロットで、「おりから緊急問題となっていた定回転プロペラのピッチ変換の不調を検討する目的で、急降下飛行試験を行っていた」のであった。

「ピッチ変換の不調とは、飛行速度によって自動的に変わるはずのプロペラ翼のピッチ、つまり、プロペラの一枚一枚の羽根のひねりの角度が、飛行速度の増減に応じて鋭敏に変わることができないことだった。これでは低速から高速まで、いろいろな速度で敏捷に動きまわる必要のある空戦に、十分な性能を発揮することができない。また、操縦者にとって不快なこまかい振動を起こす原因とも」なっていた。

奥山操縦士の搭乗した十二試艦戦は、「最初一千五百メートルから五百メートルまでの急降下を無事に終わり、つぎにふたたび、一千五百メートルから約五十度の角度で降下を開始した」が、そのとき、機体が「突然、ピューンというなりとともに大音響」を発して、「プロペラ、エンジンなどが一塊となって急速に落下、他の部分もバラバラになって落下した」のである。

このとき、空中に放り出された奥山操縦士は、すぐにパラシュートを開いたが、高度三、四百メートルのところで、なぜか、奥山操縦士の身体からパラシュートが離れ、「海岸の浅瀬に無残にもたたきつけられた」のであった。どうやら「無意識のうちにパラシュートの止め金具を開いてしまったらしい」

すぐに、この事故の原因を究明する会議が開かれ、そのときに昨年一月以来、十二試艦戦の振動試験を担当した航空廠飛行機部の松平精《ただし》技師は、「事故機は、フラッタを起こしたのではないか、という予想に、ずばり切りこんできた」

フラッタとは、「高速飛行中に主翼や尾翼、または主舵、副舵が風にはためくように、バタバタと振動を起こすことである」

ところが、このフラッタを防止するために、昇降舵にとりつけられていたマス・バランスという重錘《おもり》が「たびかさなる着陸や、その他の衝撃よって切損・脱落していた」ため、「昇降舵がフラッタを起こしやすい状態になっていた。そして、その状態のまま急降下開始後しだいに速度が増したとき、昇降舵のフラッタがはじまり、それが急速に全機体に激烈な振動を誘発し、その結果、全機体が一瞬にして破壊を起こした」と推定された。

「その結果、採られた対策は、昇降舵のマス・バランスをささえる腕をじょうぶにすることであった。また、定回転プロペラの作動不良をなくすことも、対策のなかにはいっていた」が、「これは、計画どおりの空戦性能を出すためには、ぜったい必要であり、そもそも、今回の事故も、この定回転プロペラの作動を調べるための飛行試験中に起こったものだった」

この対策によって、同一の事故が再び発生することはなかったが、「このことを通じて、昇降舵のマス・バランスが、これまでの飛行機の速度になれていた常識では、とうてい考えられないほど重要であることが再認識された」のであった。

いずれにせよ、この事故は、「速度の向上、定回転プロペラの採用など、技術上の未経験の領域に踏みこんだため起ったこと」であり、「その意味では、この十二試艦戦が高レベルにそろった多くの性能をもつにいたるために避けて通ることのできない事故であった」ことは確かであったが、堀越技師は、この機体の設計者として、殉職した奥山操縦士に対して申しわけない気持ちで一杯であった。

そして、「わが航空技術業界が、これによって貴重な経験の石を積み重ねたことを、はるかに奥山操縦士の霊に報告して、黙祷」を捧げるのであった。

後述するように、この事故原因をつきとめた松平技師は、戦後、零戦の事故原因を解決した仲間とともに、鉄道の技術開発を行う研究所に入り、東京 - 大阪間をわずか三時間で結ぶ「夢の超特急」東海道新幹線の研究開発に取り組むのである。

十二試艦戦から零式艦上戦闘機へ

こうして事故対策がすんだ後、名古屋の堀越技師のところに、「十二試艦戦を七月中旬に中国戦線へ送ることになったという知らせがきたのは、五月のなかばごろであった」

この知らせを聞いた堀越技師は、心の中で「いよいよいくのか」という気持ちと、「予定よりだいぶ遅れたなあ」という気持ちが同時に錯綜したが、どちらかといえば、後者の気持ちの方が強かった。三月十一日に発生した事故の前に計画されていた「前線進出四月末という予定は、あらゆることが順調にはこんでという前提のうえに立っていた」からである。

この事故対策の後、航空技術廠（四月一日に、航空廠から改称）と横須賀海軍航空隊では、猛烈な実用実験が進められていた。この実用実験の主務者である下川万兵衛大尉は、「はやくから十二試艦戦の真価を見抜き、その育成に力をそそいでいることで」知られていた人であり、「二号機の事故対策のために、幾度となく実験をくりかえして」いたが、この下川大尉も、奥山操縦士の事故から一年経った昭和十六年四月十七日に、零戦一一型を改造した零戦二一型の飛行実験中に殉職するのである。

下川大尉は、この年の一月に実施された陸軍戦闘機との性能コンテストに参加して、零戦でライバルの陸軍戦闘機九七戦改、キ‐四四（後の鍾馗《しょうき》）およびキ‐四三（後の隼）の三機種を圧倒していた。下川大尉は、堀越技師に「ほんとうにいい飛行機を作ってくれましたね。おかげで海軍も鼻が高いですよ」と言って、うれしそうな顔で零戦の好成績を話してくれた研究心と責任感の強い人であった。

下川少佐（大尉から進級）の葬儀に参列した堀越技師は、研究心と責任感が強かった彼が「事故の原因をなんとかつかもうという気持ちから、事故機をなんとか無事に地上に着けようとして、飛行機から脱出するタイミングが遅れ、あの惨事になったにちがいなかった」ことを思うと、両眼から涙があふれるのをこらえることができなかった。

その大きな貢献の犠牲となった下川少佐の死は、航空関係者はもちろん、全海軍軍人を感動させ、当時はすでにほとんど戦時態勢であった中で、なけなしの銅を使って下川少佐の胸像が作られ、「横須賀海軍航空隊内の海軍航空殉職者をまつる追浜神社の境内に安置された」

現在、追浜駅から東に約二キロ離れた場所に「貝山緑地」があるが、かつてそこにあった横須賀海軍航空隊の「南庭に急な斜面をもった松の茂る丘があり、その頂上に追浜神社があった」。堀越技師は、「横須賀を訪れるたびに、この丘をあおいでは、下川少佐をしのんだ」という。

下川少佐が殉職する前に、実用実験をしていた横須賀海軍航空隊に出張した堀越技師は、「日の丸のマークもあざやかに、青空の中を飛び回っている十二試艦戦を眺めたり、窓の外から聞こえてくる爆音を聞いたりしながら、この戦闘機が」、もう自分たちの手から離れたことを痛感した。

こうした中で、当時、大村海軍航空隊で、後輩の教育を担当していた横山保大尉（海兵五九期）は昭和十五年六月二十八日に、横須賀海軍航空隊で実験テスト中の十二試艦戦（後の零戦）をもって一個分隊の編制を命じられ、中国戦線の漢口基地へ進出することになるのである。

横山大尉は、支那事変がはじまった頃、すでに、できたばかりの九六式艦戦部隊を編制して初陣にも参戦していたが、「航続距離が小さいために中攻隊の護衛進撃はできなかった」

このため「重慶爆撃その他の敵航空基地爆撃に勇敢な進撃をつづけているわが中攻隊は、進攻のたびに大きな犠牲を強いられていた」「この犠牲をなくすためには、どうしても中攻隊を護衛して敵地深く進攻していくことの可能な遠距離進出機」が要求された。

そこで、海軍は、横山大尉に横空で、まだ実用実験中の十二試艦戦の部隊を編制させ、訓練とテストを重ねた後、敵に制空権を握られたままの中支戦線の漢口基地への進出を下命するのであるが、「それほど、とうじ中攻隊のうけていた被害は、悲惨なものであったのである」

横山大尉は、その著書で

「初めて十二試艦戦を見たときの印象は、いまもはっきりと頭の中に残っている。引込脚、座席全部をおおっている風防、スマートな形、――しかも性能もすばらしいこの新鋭戦闘機で、だれよりも先に私が部隊を編成して第一線基地に進出することになったとは、なんたる感激！ 私は慣熟飛行に熱意をこめると同時に、一個分隊のパイロットと整備員の編成にのりだした。このさいにも下川大尉は、私の要望を十二分に聞き入れてくれ、横須賀航空隊所属パイロットの中心となるべき連中を割愛してくれた。

こうして私が、漢口へ進出してからの一年間、数多くの激戦を展開したが、最後まで一機の未帰還機も出さずに、りっぱな戦果を挙げることができたのは、零戦が優秀だったことにもよるが、それにもましてこのとき与えられたパイロットや整備員たちが、精鋭ぞろいだったことにもよるのであった」と述懐している。

横山大尉は、十二試艦戦の進出を要望する航空技術廠長の吉良少将に対して、「現在の時点においても引きつづいて実用実験飛行をくりかえしてその対策をたてる必要のあることを力説し要望した」が、この要望は受け入れられ、「航空技術廠からは飛行機部の高山技術大尉、発動機部の永野技術大尉」が同行することになった。

このように、テストも終わらないまま、しかも幾つかの問題点を残したままで、戦闘機を中国の前線に配備するのは、異例中の異例の出来事であったが、それだけ、この十二試艦戦に対する期待が大きかったということであろう。

こうして、海軍の期待を一身に担った横山大尉以下の十二試艦戦六機は昭和十五年七月十五日に、長崎の大村基地、上海経由で漢口に進出するのであるが、大尉は、そのときの様子について、次のように述懐している。

『上海までは、誘導機（著者注：九六式陸攻）によって誘導されたが、上海以後は、戦闘機隊単独の地文航法（地上の目標を確認して飛ぶ）でゆくことになった。私は、かつて勝手しったる南京、安慶を経由して揚子江ぞいに飛行をつづけた。ところが、安慶をすぎて上流にむけて飛行していたところ、雲がだんだん低くなり、天候が険悪となってきた。私は雲下に出た。揚子江に沿って行けばかならず漢口にでると考えていた。
くねくねと回っているうちに、コンパスも回りだし、針路が一定しない。揚子江の流れを見てみた。なんとも広い揚子江なのに、つくづく驚いてしまった。上流におけるとうとうたる流れは、どっちが上流だか分からないくらいである。が、そのとき、川の中ほどにある一つの洲《す》が目に入った。これを上空から、じっと見て、上流と下流を判断した。つまり、上流方向の洲は丸味をおびているが、下流に面した方は尾がきれるように先細になっている。私は、ほっとしつつ飛行をつづけた。わずかな時間であったが、このくるくる回りのあいだ、私は非常に不安に襲われた。もしもこの虎の子の戦闘機を、ここで不時着させたなら、今後の戦局にどんな大きな影響をもたらしたろうか。

危機を脱し、漢口が見え出したころには、天候はよくなった。途中、二ヵ所で燃料を補給したが、横須賀から漢口への移動は単座戦闘機としては世界においても画期的なものであった。

われわれは、漢口基地の上空を、大きく二回旋回した。飛行場には、多数の人がならんでいる。新鋭戦闘機の漢口進出を待ちわびていたのだ。バンク〔著者注：「機体を縦軸（前後軸）まわりに左右どちらかに傾けること」〕をふって編隊をとき、着陸姿勢にはいった。おおぜいの者の見まもっている中での着陸である。いやがうえにも緊張し、慎重に着陸した。二番機、三番機と、六機全部がぶじに着陸した。こうして、整備員の誘導する中を、新しい列線にはいっていった。

漢口基地には、司令官が二人いた。二人とも猛将と言われた人で、一人が山口多聞少将、もう一人が大西瀧治郎少将であった。飛行場では、この両司令官以下の航空部隊の多数から歓迎をうけたが、そのあと私は、この試作機の状況を報告し、同時に、司令官や司令から激励をうけ、さらにこれらのトラブルを解決して、一日もはやく戦場に活躍するように言い渡された。

……進出後、十日ぐらいたってから私は、山口、大西の両司令官に単独で呼ばれた。そして、じかに、なるべくすみやかに十二試艦戦をもって敵の本拠地に斬り込み、敵戦闘機群を撃滅すべく申し渡されたのだ。

私は考えた。司令官の言われることは、よくわかり、また中攻隊の連中が、一日もはやく重慶の空軍を撃破するよう要望していることも身にしみて感じていた。しかし、私は次のように考えたのだ。新しい戦闘機がデビューするときには、もしも最初につまづけば、その後の戦闘は困難となり、部下の士気を阻喪させるばかりでなく、敵の士気を逆に高める結果になる。いましばらくの猶予を乞い、われわれの納得のゆく戦闘機として、トラブルを最小限にまで解決してから戦闘に参加し、一挙に戦果をあげることを決心した。しばらくしてまた、司令官に呼ばれた。こんどはもっときつい言葉で、「貴様はいのちが惜しいのか！」と、最後にそう言われた。

それでも私は、まだ抵抗して、毎日のテストに打ち込んだ。いまから考えてみると、この私の抵抗が、零戦の立派な誕生をもたらせたものと、いささか自負している。

猛暑の中での実験と訓練、そして、技術者、整備員、パイロット一体となってのトラブルの解決が、なおもつづけられた。この間、われわれパイロットは、飛行のみをやっていたのではなく、つぎのような勉強をした。

(イ) 予想される奥地の状況（地形や地理や天候など）

(ロ) 敵の航空基地の状況

(ハ) 相手の機種、性能、戦法

(ニ) 地上銃撃訓練

これらの研究によって、われわれは、すでにこの戦闘機をもってすれば、かならず勝ってみせるという十分の自信を得ることができたのであった。

トラブルは、こうして順次に解決していった。関係者全員の熱意によって、この戦闘機も一人前になりつつあった。われわれのこの戦闘機にたいする信頼と、技量にたいする自信もできた。そして、ついに昭和十五年七月の末、零式艦上戦闘機の一一型が生まれ出たのである。そして、この間には、進藤大尉のひきいる六機が、さらに漢口基地へ進出してきており、全部で十二機の新鋭機が勢ぞろいすることとなった」

こうして、ようやく、七月二十四日に制式採用された十二試艦戦は、ちょうど、その年が「皇紀二六〇〇年」であったことから、その末尾の零《れい》をとって、「零式一号艦上戦闘機一型（後に、「零式《れいしき》艦上戦闘機一一型」）と命名されることになり、いわゆる「零戦」（「ぜろせん」あるいは「れいせん」）という呼び方が、「零式艦上戦闘機」の略称として定着していくわけである。

当時の零戦の生産数は、増加試作の十二試艦上戦闘機改を含めて六十四機であった。

零戦の出現で重慶上空に敵機なし

十二試艦戦が制式採用された後、第十二航空隊飛行隊長横山大尉率いる零戦隊A班の十二機は、八月十九日から中攻隊五十四機とともに、いよいよ重慶上空へと、その姿を現わすのである。

横山大尉は、その著書で、このときの零戦の初陣について、次のように述懐している。

『八月十九日、いよいよ「Dデー」はやってきた。……私のひきいる零戦十二機は、中攻隊五十四機とともに、その初の姿を重慶上空へあらわした。この日のために、零戦を整備し、訓練してきた自信満々の進撃である。とうじの重慶空軍は、つねに三十機以上の戦闘機が配備されており、そのつどわが中攻隊におそいかかって、わが方にかなりの損害を与えてきたのである。しかし、きょうこそは、この仇を討ってやる！　われわれは、高度六千メートルで重慶上空に突入した。

ところが、あにはからんや、われわれが重慶上空を大きく旋回しながら敵を求めたが、敵は一機も姿を見せない。私は、くやしくてならない。その朝はやく偵察したところによれば、たしかに、三十数機はいたはずだ。私はしだいに高度を下げ、なおもさがしつづけた。しかし、敵機は地上にも姿を見せない。敵は、すでにわが零戦の威力を知っていたのかもしれない。そして、この日の進攻をすでにキャッチしていて、重慶からいちはやく後退してしまったのだろう。もちろん、いままで襲いかかっていた中攻隊にたいしても攻撃をしかけてこない。すっかり敵にうらをかかれてしまったのだ。

零戦隊は、翌八月二十日にも、こんどは進藤大尉の指揮下に中攻隊の間接掩護をかさねて、重慶上空に進撃した。

私の前日の経験から、こちらの戦法も多少かえて、重慶からさらに奥地まで索敵してみたが、この日も敵をとらえることはできなかった。

しかし、この二回の攻撃の戦訓によって、われわれパイロットは、零戦にたいして長距離飛行への信頼性と燃料の消費にたいする自信がついて、その後の戦闘で戦果をあげることができた素因となったことは有難かった。

こうして、それからしばらくの間、天候にはばまれていた奥地進撃が、九月十二日に再開された。この日は、私がまた指揮官として出撃した。こんどは相当に大きく重慶周辺を旋回し、対空時間ものばしてみたが、やはり敵戦闘機を見ることはできなかった。われわれは敵にたいする心理的効果を狙って低空にさがり、石馬州飛行場の建物にたいして銃撃を敢行して、これを炎上させた。私はその後も、しばしば低空銃撃の戦法をとったが、その日の銃撃がその最初のものであった。

ずいぶん頑張って敵を待ったが、最後まで敵機は姿を見せない。われわれは、やむなくその日もまたお土産なしで基地に帰投した』

猛威をふるう零戦

七月のある日、名古屋の堀越技師のもとに、海軍から十二試艦戦がなんとか実戦に使える見通しが立ち、いよいよ何機かが中国大陸へ送られるという知らせが届いたが、それ以後は、ときどき海軍を通じて、会社に技術的な改修の報告があるだけで、大陸からの情報は全く入らなかった。また零戦が制式採用されてからも、しばらくの間は、零戦が中国大陸で活躍している情報について入ることはなかった。

堀越技師が「それをはじめて耳にしたのは、中国へ進出の知らせを受けてから三ヵ月後の、昭和十五年九月十三日」のことであった。

その日の夕方、堀越技師は、服部部長から「きょう、中国大陸で零戦が敵機二十七機を撃墜するという大戦果をあげ、そのため、海軍航空本部では、その零戦を設計した三菱重工、エンジンを設計・製作した中島飛行機、そして二十ミリ機銃を製造した大日本兵器の三社に対して、異例の表彰を決定した」というビッグ・ニュースを聞いて驚いたが、それだけに「ついにやったか」という強烈な気持ちで胸が一杯になった。

そのときの戦果については、翌日の『朝日新聞』の朝刊にも、「海鷲、敵機廿七機を撃墜第三五次爆撃　重慶上空大空中戦」という見出しで、大々的に報じられたが、「戦闘機隊は敵戦闘機二十七機を捕捉敵首都上空においてこれを殲滅せり、この日我が全機帰還せり」という内容の記事だけで、『零戦の名称は一ヵ所も出てこず、零戦が飛びたった基地名も、機数も、「○○基地」、「○○機」のように伏せられていた。これは軍機密をあからさまにしないための配慮であった』と思われる。

この記事を読んだ堀越技師には、「もちろん、この記事に出てくる戦闘機が七月出動した零戦であることはわかったが、そのほかには、新聞に報じられた以上のことを知ることはできなかった。

ただ相手となる敵機が、ソ連製のイ15、イ16というような旧式な戦闘機であろうということは、まえから推測がついていたし、また、新聞の報道でもそのとおりであった。だから、もし、同数でわたりあったなら勝つのはあたりまえだったが、当時中国に送られていた零戦の数は、せいぜい十数機であろうと踏んでいたから、ごく少数でその二倍以上に相当する敵二十七機の全部を逃がさず撃墜したということは、たしかに驚異的なできごとであった」

堀越技師が「この空戦の模様をくわしく知ったのは、戦後しばらくしてからであった」が、それは彼が想像していた以上に見事なものだったのである。

先に述べたように、「前三回の情況から判断して、零戦隊が重慶上空に在るあいだは、敵戦闘機隊は遠くへ空中退避し、零戦隊が引きあげた後、ゆうゆうと重慶上空へ帰ってくることが分かった」

そこで、その日、中攻隊の掩護を担当することになった進藤三郎大尉（海兵六十期）率いる零戦隊B班の十三機は、中攻隊の「爆撃が終わってから、零戦隊もいったん帰途につくようにみせかけて視界外に去り、ふたたび重慶に突入するという」戦法をとることにした。

打ち合わせどおり、中攻隊と零戦隊が帰投すると、列機の「九八式陸上偵察機一機が隊列を離れて反転し、高度をとってふたたび重慶に近づいた。姿を雲の陰にかくして監視していると、はたせるかな、はるか西南方向から、重慶上空に向かってゆっくり進んでくるいくつもの点々を発見した。

この偵察機から無電を受けた進藤大尉は、ただちに列機に合図して反転、十三機の零戦はふたたび重慶上空に向かった。彼は列機の高度を下げて、市街地の北方に誘導し、はっきりと相手の動きを見やすいように、味方を暗い方向に、敵機を明るい方向に置いて、南の空を凝視した。すると、相手は、まだこちらの存在に気がつかず、ゆっくりと市街上空にさしかかっていた。彼はすばやく敵機の数を計算した。三機ずつ一団をなす九団から成る、合計二十七機の編隊だった。

進藤大尉は、一機も逃がさず討ちとる隊形をとろうとした。まず高度を上げ、網を張るように各機を散会させ、各パイロットに速度を上げすぎないように注意しつつ、自分は敵の一番機に向かって突っこむと、二十ミリ機銃の引き金を引いた。部下の各機も、思い思い獲物を見つけ、それを目標に殺到した。二十ミリ機銃の威力はすばらしかった。敵機の主翼のつけ根に命中すると、主翼が飛び散ってしまうことさえあった。フルスピードで逃げようとして強い空気力を受けている敵機の翼に炸裂する二十ミリ機銃が当たれば、ひとたまりもなく吹っ飛んでしまうのはとうぜんだった。

敵機は、南京方面でお目にかかったことのあるソ連製イ15、イ16戦闘機とわかった。たちまち、敵の隊形は乱れ、三機、四機と黒煙を吐きながら落ちてゆく。

進藤大尉は急上昇し、空戦の場から離れて全体の戦闘を監視する位置をとった。下では高速の零戦が敵機を包囲する形をとり、中にいるイ15、イ16が一機、二機と落ち、たまに包囲網からのがれたものも、高速の味方機が追いすがって落とす。下方に逃げた一機は、味方機に追撃されて、機首から地上に突っこんで散乱した。

しばらくして、包囲網の中にも外にも、敵機は一機もいなくなった。

この間、わずか十分であったという」

以上のように、この日の零戦隊の活躍が、いかに目覚ましいものであったかは、米空軍の元パイロットで、米スミソニアン航空宇宙博物館館長のロバート・C・ミケシュも、その著書で、次のように述べている。

「零戦にとって四度目の出撃となった九月十三日、ようやく大きな変化が起こった。この日、初めて彼らは中国機を捕捉、攻撃し、第二次世界大戦をすぎて今日まで伝説としてなお語り続けられている大戦果を記録することになった。今回もまた十三機の零戦は、大陸へふかく侵入し重慶を爆撃する陸攻隊を掩護していた。そして、これまた同様に中国機は一機も上がってこず、九六陸攻から爆弾は市街にふりそそがれた。

爆撃を終えた陸攻隊と零戦隊が重慶上空から去ったのち、燃えあがる市街をはるかにみおろしながら単機で飛ぶ九八陸偵は、敵戦闘機が上空へ集まってくるのを目撃。ただちに偵察機は、帰還途上の零戦隊にこれを通報した。零戦隊は報告を受けるとすぐさま反転し、空戦での優位を得るため高度をとりながら、ふたたび重慶上空へ向かう。低空の敵を遠まきに包囲したのち、指揮官、進藤大尉は必勝への常道である高位奇襲にうつり、日本機が真近にいるとは予想もしない中国空軍パイロットのふいをついて、一気に襲いかかった。

中国戦闘機隊にとっては悲惨にみちた、一方的な空戦が始まった。驚きあわてる敵のパイロットの上空から迫った零戦は、それぞれの獲物にとりつき、機関砲弾と機銃弾を撃ちこんでつぎつぎに空中から消していった。中国空軍のソ連製のポリカルポフI‐15複葉戦闘機とずんぐりしたポリカルポフI‐16単葉戦闘機は、より高速で軽快な零戦の敵ではなく、数分のあいだに墜落する中国機の吐く煙は空を埋めた。大空戦が終わったとき、敵戦闘機はほぼ全機の二十七機を失っていた。完璧に近い零戦隊の勝利に、水をさすものがあったとすれば、なお数機が撃墜されずに着陸できたことくらいで、また一機は零戦の目標とならないために離脱をはかり、地上スレスレを飛んだため地面にぶつかってこわれた。この記念すべき初の航空戦で、零戦隊の損失は一機もなく、新鋭戦闘機と熟達した搭乗員にとって、絶対不敗のイメージを確立させた舞台となったのだった」

その他に、前出のマーチン・ケイディンも、この時の零戦隊の活躍について、次のように述べている。

『零戦のパイロットたちは知っているかぎりのトリックをつかって敵を戦闘にひっぱりこもうとした。爆弾を落としおわって、日本軍編隊はひきあげた。しばらくたって、火の手が町の各所からおこり、煙が一〇〇〇メートルあまりも立ちのぼった。そのとき、日本の偵察機が肉眼では見えない、はるか上空にあらわれた。偵察機は望遠鏡でこの地域をくまなく捜索した。

ついにエモノはワナにかかった。ただちに偵察機の無電がとんだ。零戦のパイロットたちに、待ちに待った報告がとどいた――中国軍戦闘機は重慶上空にあり、飛行場に着陸を準備中。ただちに零戦隊は、とってかえした。高度をとりながら、太陽を背に負うという伝統的な攻撃位置をとって、町の上空にたっした。

そして、エモノにおそいかかった。一三機の零戦は太陽からとびだしたように、中国軍戦闘機にむかって急降下に斬りこんでいった。

二七機のソ連製戦闘機ポリカルポフ「イ－15」複葉機と「イ－16」（九六艦戦よりは相当に速かったが、零戦にはおよばなかった）の混成部隊は、おどろいて編隊をときバラバラになった。中国軍のパイロットは、この斬りこみ攻撃のまえに、まったく歯がたたなかった。これから約三〇分つづいた激しい戦いで、敵を粉砕した。

中国軍全機撃墜でおわったこの戦いは、零戦の性能と、そのパイロットの技量についての、びっくりするような実証であった。零戦隊にはまったく損害がなかったのである。

このとき、山下小四郎飛曹長は、一日にして日本の英雄となった。この接戦で敵機五機を撃墜した。これで山下は一回の戦闘でエースの座についた。

日本軍は交戦した敵戦闘機を全部撃墜したが、パイロットたちは、ソ連機二七機のうち撃墜したのは二二機だったことを発見した。というのは「イ－15」戦闘機二機は接戦中に衝突して落ち、あと三機は、パイロットが攻撃をうけてないのにおじけづいて、飛行機から脱出してしまったので、墜落したことがわかったからであった。

鉄は熱いうちに打てという。この日の午後、九九式艦上爆撃機の大編隊は、戦闘機の護衛なしに宜昌〔ぎしょう〕飛行場からふたたび重慶攻撃にむかった。敵戦闘機の反撃はなかった。二日後の九月十五日、九七式艦上攻撃機もはじめて参加して、重慶に大損害をあたえた。このときもまた日本軍の来襲をふせぐ態勢がなにもとられていなかった』

堀越技師によれば、「進藤大尉は、基地に帰ってから、この日の戦果をまとめてみると、撃墜が大部分だが、追いつめて地上に激突させたもの、あるいは、逃げた敵機が飛行場に着陸した直後を襲って、銃撃、炎上させたものを合計すると、正確に二十七機という数字になった」らしい。「これに対し、味方十三機のうち、燃料タンクに被弾したもの一機のほか、三機が軽く被弾しただけだった」という。

また「進藤大尉は、これを奇跡とは思えなかったと語っている。なぜならば、敵機は何回も同じ手を使って成功したため安心しきっていたこと、その結果、絶好の位置、隊形で第一撃をかけたこと、イ15、イ16とはまったくかけはなれてすぐれた零戦の速度、航続力、空戦能力、火力などから考えると、全機撃滅もとうぜんと思えたということであった」

『初陣に参加したパイロットたちは、口をそろえて、

「敵機を追うとき、気をつけないと敵機の前へ出すぎる」

など言っていたということであった。

この言葉は零戦の高速と加速のよさを如実に語っている。零戦は、旋回性能で定評のあった九六艦戦を速くしたようなものだったから、二倍の数の敵戦闘機を包囲することができ、その包囲網からのがれたものも全部とらえることができた』わけである。

「初陣では、このほかにも、攻撃態勢にはいってから、落下タンクの把手《とって》を引いたが落下しなかったので、やむなくそのまま空戦にはいったが、ほとんど障害にならなかったという報告もあったという。零戦が、軽く、しかも空気抵抗が少なく作られていたので、すこしくらいの付属物がついていても、イ16など当時の世界的水準を出ない戦闘機と戦うぶんには、まったく困らなかったのである」

さらに、前出の横山大尉の著書と回想録によれば、十月四日に、宜昌飛行場で燃料を補給して飛び立った零戦八機（指揮官横山保大尉）が、次のように成都の敵飛行場に着陸して敵機を放火炎上させるという大胆不敵な行動をとっている。

「一四一五ごろ、成都上空に突入した。……低空（百五十メートルくらい）で飛行場を偵察したところ、地上にいるわ、いるわ、みごとに引込線の中にかくしてはあるが、囮《おとり》機と完全に区別できる実用機が、つぎつぎと発見された。

そこで、一四二五ごろ、かねて計画されていたとおり、まず、大石機が着陸し、つづいて中瀬機、羽切機と、つぎつぎと舞い降りてゆき、いったん飛行機から降りて敵機に向かったところで、上空からではわからなかったが、四周のトーチカの銃眼口から、いっせいに射撃が開始された。そこで、やむなく焼き打ちをあきらめ、拳銃で応戦しながら、ふたたび飛び立った」が、「われわれは二十機を炎上させることに成功した」

さらに「指揮官以下の零戦は、低空から射撃を開始し、一機、また一機と、つぎつぎに炎上させていった」のであるが、「これで成都飛行場の敵機は壊滅した」のであった。

マーチン・ケイディンが、「零戦が中国に出現すると、どこでもこのような始末だった。この驚くべき日本の新鋭機による短い、激しい戦闘がおこなわれると、中国側は甚大な損害を蒙り、たちどころに日本空軍は優勢な立場に立ったのである」と述べているように、この零戦の衝撃的な出現によって、四川省の上空に一機も敵機がいなくなると、かの有名な「零戦神話」の幕が開けていくのであった。

支那事変での零戦の輝かしい戦果

その後も、横山大尉の零戦隊は、昭和十六年夏までに長大な航続能力を生かして、重慶、成都、宜賓、咸陽、天水、南鄭、広元、蘭州、松藩などを攻撃した。また、この間、仏印に進出した十四空にも、「零戦が配属され、十月七日の昆明初空襲を皮切りに、昆明、詳雲、昭通などにたいする進攻作戦を実施した」

元海軍軍令部航空主務参謀の奥宮正武氏（海軍中佐）は、その手記で

「一九四一年八月下旬と九月上旬にかけて、これらの隊はいずれもその使命を完了して、内地または台湾基地に引揚げが命ぜられた。……爆撃機が遂行した数十回の爆弾行において、遭遇した中国戦闘機は延べ十機であったが、そのすべてが掩護の零戦をさけていた。敵機はわが方の飛行機を一機として破壊することができなかった。

もって、中国の作戦での零戦の威力がいかに大であったかを知ることができる。われわれの方が敵の戦闘機や防禦砲火で爆撃機に甚大な損害を蒙ったときに、零戦の登場によって迎撃機としての敵機の威力を破壊してしまった。要するに零戦は味方の領土と敵の領土内におけるわが方の絶対的制空権を可能にしたのである」

と述べているが、この言葉が誇張ではないことは、次の中国の文献からも明らかである。

『日本軍の飛行機は、数の上で中国機を凌駕しただけでなく、性能でも中国機よりも優秀であった。特に、日本海軍が研究開発に成功して装備した最新の「零」式戦闘機の性能は抜群であった。……抗日戦が二年目に入ると、中国空軍の戦績は明らかに減少し、非常に苦しい立場に置かれた。一九四〇年八月、日本の「零」式戦闘機が参戦するにつれて、中国空軍は、さらに苦

しい立場に置かれ、積極的に出撃する力はなかった』（姚峻主編『中国航空史』大象出版社）

この文献にもあるように、初陣以来、支那事変での零戦の進撃はめざましく、内地または台湾に引揚げる昭和十六年九月上旬までの間に、零戦は、「漢口・宜昌その他華中、華北の基地から四川省、雲南省、甘粛省等を含む概ね五〇〇～五五〇カイリまでのほとんど中国全土を翼下にし、陸攻隊の掩護と陸攻に代わる対地攻撃に活躍した」のであった。

堀越技師が、その著書で

「この間の零戦の戦いぶりを、のちに明かされた記録によって調べてみると、ほぼ一年まえ、零戦がはじめて中国戦線に投入されてから十六年八月三十一日までの総合戦果は、撃墜・撃破機数二百六十六機（うち不確実三機）であり、わが方の損害は、たった二機、それも地上砲火によるものであった。

つまり、空中戦で敵戦闘機とわたりあって墜《おと》されたものは一機もなかったのだ。しかも、当時、大陸に送られていた零戦の数は、たった三十機内外であった」

と、支那事変での零戦の輝かしい戦果について述べているように、前出のロバート・C・ミケシュも、その著書で支那事変での零戦の輝かしい戦果について、次のように述べている。

「一九四一年前半の中国の上空における航空戦は、一九四〇年のそれとほぼ同様の形で行われた。後半に入っても零戦の猛威はおとろえず、一九四一年の八月末までの戦果は、零戦の、のべ出撃機数三五四機に対し、敵機撃墜四十四機、撃破六十二機以上に達し、反面、零戦の損失はわずか二機で、それも敵機に撃墜されたのではなく、地上砲火に射たれて墜落したものだった。八月末日を最後に、大陸に展開していた海軍の各航空隊は、日華事変よりもさらに大規模な交戦にそなえて中国から整然と引きあげていった。零戦にとって中国上空における空戦は、まったく一方的な戦闘に終始した」

またマーチン・ケーディンも、その著書で、次のように「中国における空中戦にたいする零戦の影響力は圧倒的であった」と述べている。

「中国における零戦の参加した空中戦の全体量からみて、日本軍は、この虎の子の兵器を太平洋上で砲火が開かれるまで連合国の眼から隠していた、という主張は馬鹿げたものである。中国ではアメリカ人も、ロシア人も、イギリス人も、また他の連合国の者もこの零戦を見ていたのである。零戦は全部で七十回の戦闘をおこなった。そのなかには爆撃機の護衛、戦闘機にたいする機銃掃射および船舶にたいする銃撃が含まれている。日本軍の計算によると、直接中国都市にたいして、延べ五二九機の零戦が飛行したことになっており、そのうちのあるものは飛行距離一二〇〇マイルに及ぶものも含まれていた。零戦は中国戦闘機の確認撃墜数九十九機、そしてさらに多くの戦闘機にも損害を与えている。

日本軍は中国の戦闘機によっては零戦を一機も失わなかったが、われわれがすでに見たように、そのうちの二機は防禦砲火によって撃墜された。そしてほとんど少ししか損傷を受けていないその機体は中国人の手中におちたことが知られている。

中国における空中戦にたいする零戦の影響力は圧倒的であった」

こうした零戦の活躍によって、昭和十五年九月十三日の初戦果における進藤隊および「同年十月四日の横山隊をはじめとして、十六年五月二十六日までに、中国派遣の零戦隊は、支那方面艦隊司令長官から五たび感状」を授与された。

こうして、零戦は、後述のハワイ真珠湾攻撃に先立つこと、十六ヵ月前に、その最初の攻撃任務に出撃して以来、「ほとんど中国全土を翼下にし、陸攻隊の掩護と陸攻に代わる対地攻撃に活躍した」のである。

そして「昭和十六年八月末をもって、中国戦線における海軍航空隊の作戦は一区切りとなり、太平洋方面の緊張に備えて、戦時編成訓練に移行した。今までの零戦・陸攻・偵察機の協同作戦の成果は、広大な太平洋でも、その価値を大いに発揮することが期待された」のである。

第二部
封印された大東亜戦争と零戦の真実

「靖国神社遊就館の零戦 52 型」
著者撮影（2013.9.16）

第四章　「侵略の世界史」を転換させた大東亜戦争と零戦

「侵略の世界史」を転換させた大東亜戦争の真実

そもそも、昭和十六年十二月八日に勃発した日米開戦を初めとする白人と有色人種の対立は、今から遡ること約六〇〇年前の十五世紀から始まったヨーロッパの「大航海の時代」から始まる。

西欧列強は、ここから五〇〇年もの間、アメリカ、アフリカ、アジア諸国の人々に対して、搾取と略奪をきわめ、十九世紀までに、それらのほとんどの民族を白人の植民地支配の中に組み込んでいったのである。

日本は、この白人のつくった「侵略の世界史」ともいうべき、西欧列強の植民地支配に対抗するために明治維新を行って、アジアで最初の近代国家の育成を目指し、ロシアが狙う朝鮮半島を守るために、日清・日露戦争を戦っていくわけであるが、昭和十二年七月七日に、ソ連と中国共産党の謀略によって支那事変が勃発した後、西欧列強は、日本に対してＡＢＣＤ包囲陣をもって経済制裁を加えてくるのである。

この背景には、日米開戦の先端を開くことによって、ヨーロッパ戦に裏口から参戦するという米英ソの謀略があったことを忘れてはならないだろう。

開戦前の昭和十六年九月六日の御前会議で、日本政府は、ルーズベルト米大統領に日本の要求が拒否された場合を考慮して、対米英開戦の決意を定めた「帝国国策遂行要領」を決定するが、その時、陸海軍統帥部を代表して、海軍軍令部総長の永野修身元帥が日米開戦について、次のような感慨を述べている。

「戦うも亡国、戦わざるも亡国。戦わずして滅びるのは、民族の魂まで失う、真の亡国である。戦って護国の精神に徹するならば、たとえ戦いに勝たずとも祖国護持の精神が残り、われらの子孫はかならず再起するであろう」

昭和十六年十二月八日、西欧列強の圧力に対抗して、自存自衛と大東亜共栄圏（または大東亜新秩序）の形成を目指して、西欧列強が植民地支配する東南アジアとハワイの真珠湾に殺到した日本の若者たちもまた、そのような気持ちを抱いていたのである。

だが、この西欧列強に対する日本軍の先制攻撃は、十三世紀末に「元寇」がアジアと西欧に与えた衝撃とは質を異にする衝撃をもたらしたのである。

英国の歴史家アーノルド・J・トインビーは、英紙『オブザーバー』(一九五六年十月二十八日付)の中で、次のように大東亜戦争の衝撃について述べている。

「第二次大戦において、日本人は日本のためと言うよりも、むしろ戦争によって利益を得た国のために、偉大なる歴史を残したと言わねばならない。

その国々とは、日本の掲げた短命な理想である大東亜共栄圏に含まれていた国々である。日本人が歴史上に残した業績の意義は、西洋人以外の人類の面前において、アジアとアフリカを支配してきた西洋人が過去二百年の間に考えられていたような、不敗の半神でないことを明らかに示した点にある。

イギリス人もフランス人も米国人も、ともかく我々はみな将棋倒しにバタバタやられてしまった。

そして最後に米国人だけが軍事上の栄誉を保ちえたのである。他の三国は不面目な敗北を記録したことは、疑うべくもない」

こうして、白人不敗の神話を崩壊させた日本軍は、わずか半年あまりで東南アジアの全域を西欧列強の植民地支配から解放した後、東南アジア各地に独立義勇軍を結成して軍事訓練を施し、敗戦後に展開された「第二次大東亜戦争」ともいうべきアジア諸国の民族解放戦争と民族独立運動に契機を与えていくのである。

戦後の日本では、「最初から負けるとわかっている戦争に、なぜ飛びこんでいったのか」という、厳しい批判がおこなう者がいるが、著者は、その人たちに言ってやりたい。日本が降伏した後、世界の至る所で多くの有色人種の独立国家が誕生したのは、なぜだと思いますかと。

例えば、次ページの戦前と戦後の世界地図を比べてみると、終戦を境にして、それまであった西欧列強の植民地がなくなって、新しく独立国家が誕生していることがわかる。

このことは、戦後、フランスの第五共和政の初代大統領となるドゴール将軍が日記の中で、「シンガポールの陥落は、白人植民地主義の長い歴史の終焉を意味する」と述べているように、大東亜戦争によって十五世紀から始まった西欧列強の植民地支配が終焉したことで、アジア各地に独立国家が誕生し、人種平等の世界形成に大きな影響を与えたことを意味するのである。

これこそ、大東亜戦争の世界史的な意義であり、かつて人類が経験した戦争の中でも、従来の帝国主義的戦争とは、全く次元が異なる戦争であったことは確かであろう。

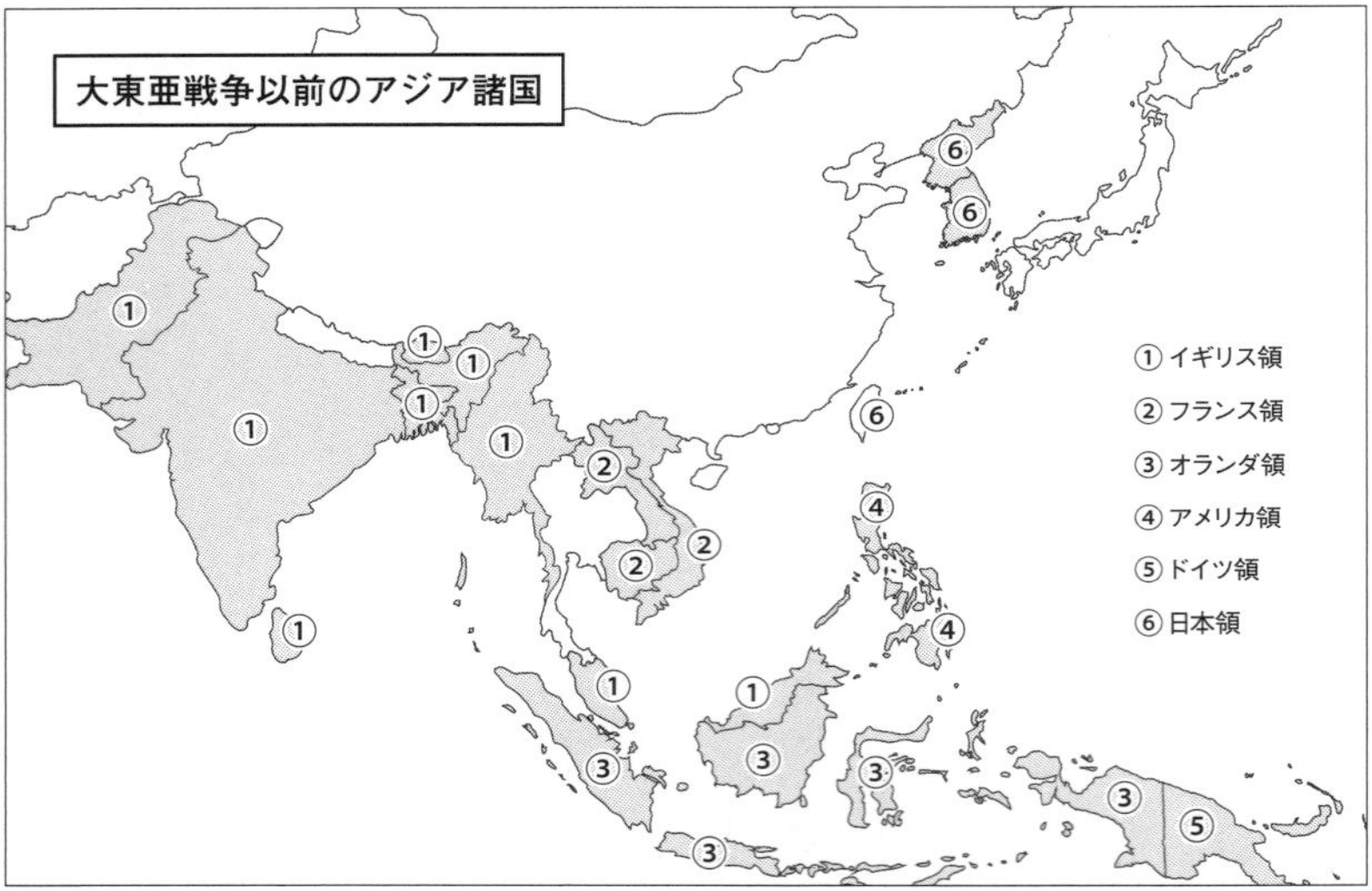
大東亜戦争以前のアジア諸国
① イギリス領
② フランス領
③ オランダ領
④ アメリカ領
⑤ ドイツ領
⑥ 日本領

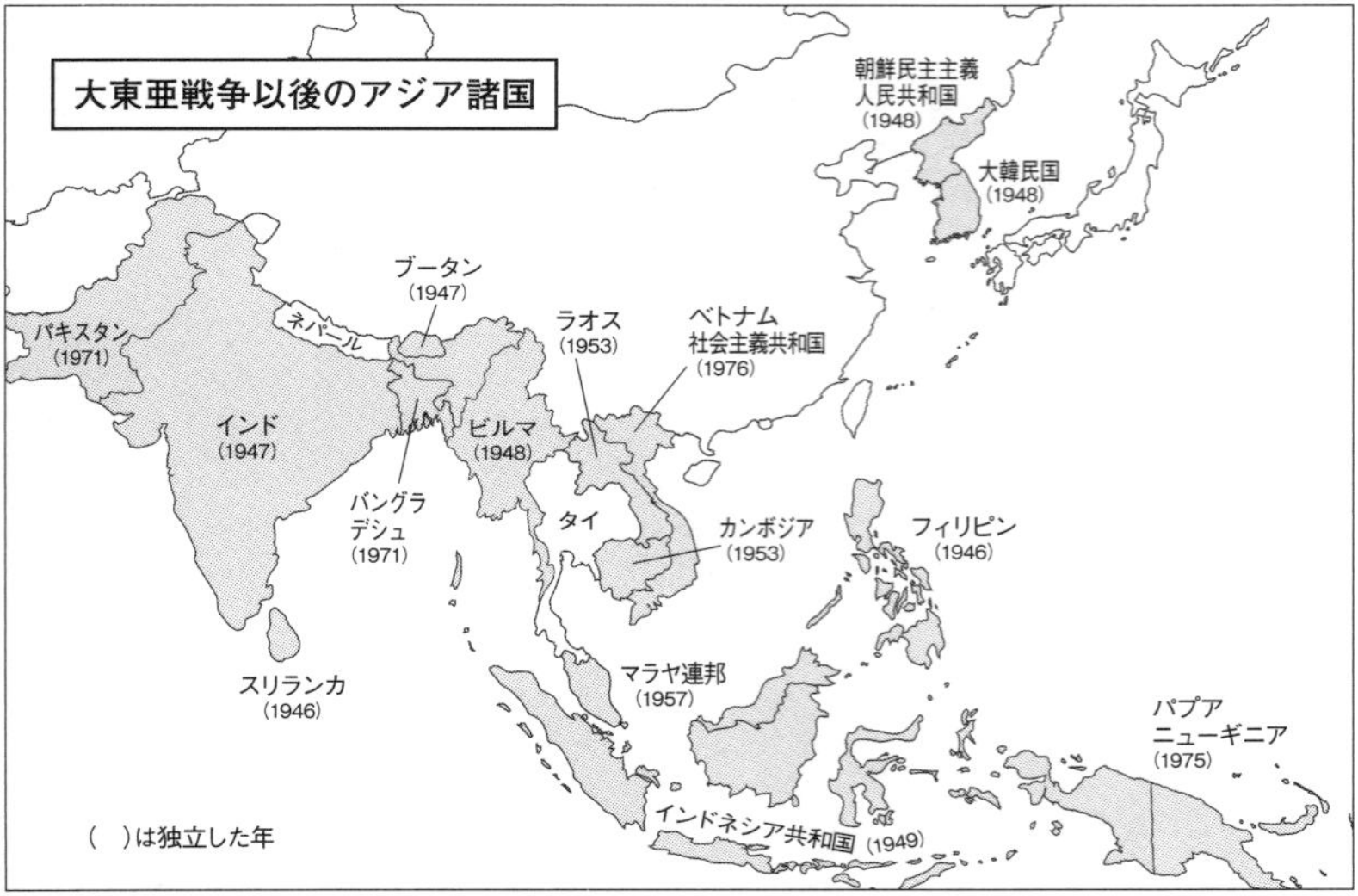
大東亜戦争以後のアジア諸国
朝鮮民主主義
人民共和国
(1948)
大韓民国
(1948)
ブータン
(1947)
パキスタン
(1971)
ネパール
ラオス
(1953)
ベトナム
社会主義共和国
(1976)
インド
(1947)
ビルマ
(1948)
バングラ
デシュ
(1971)
タイ
カンボジア
(1953)
フィリピン
(1946)
スリランカ
(1946)
マラヤ連邦
(1957)
パプア
ニューギニア
(1975)
インドネシア共和国 (1949)
( )は独立した年

では、次に、この大東亜戦争を讃えたアジア諸国の指導者と識者たちに、戦後、連合国軍によって封印された大東亜戦争の真実について語ってもらおう。

ラダクリシュナン（インドの第二代大統領）

インドが今日独立できたのは、日本のお陰である。それはひとりインドのみではない。ベトナムであれ、ビルマであれ、インドネシアであれ、西欧の旧植民地であったアジア諸国は、日本人が払った大きな犠牲の上に独立できたのである。われわれアジアの民は、一九四一年十二月八日をアジア解放の記念日として記憶すべきであり、日本に対する感謝の心を忘れてはならない。

T・R・サレン（インドの歴史学者）

日本は、ある特別な動機により戦争に踏み切りました。アジアの地域が独立すると、日本は共栄圏を設立しようとしましたが、イギリスやアメリカは、ヨーロッパ帝国主義に代わって、日本が居座るつもりだと宣伝しました。しかし、それは日本の目的ではありませんでした。東南アジアにおける日本の目的は全く別のことでした。日本の目的は外国の武力をアジアから駆逐することにあったのです。ヨーロッパの歴史家も正しい認識により日本を評価しており、現在では日本が戦争に踏み切ったのはアジアにおけるヨーロッパ支配を終結させるためだったということに同意しています。

タナット・コーマン（タイの副首相・外務大臣）

あの戦争によって世界のいたるところで植民地支配が打破されました。そして、これは、日本が勇戦してくれたお陰です。新しい独立国が、多くの火の中から不死鳥のように姿を現わしました。誰に感謝を捧げるべきかは、あまりにも明白です。

マハティール・ビン・モハマッド（マレーシアの第四代首相）

アジア人の日本人が、とうていうち負かすことのできないと私たちが思っていた英国の植民地支配を打ちのめしました。私の心の中にアジア人としての自信が次第に芽生えてきた。マレー人だって日本のように決心すれば、自分の意志でなんでもできるはずだと。

ゴー・チョクトン（シンガポールの第二代首相）

日本軍の緒戦の勝利により、欧米のアジア支配は粉砕され、アジア人は自分たちも欧米人に負けないという自信をもった。日本の敗戦後、十五年以内に、アジアの植民地は全て解放された。

モハメッド・ナチール（インドネシアの初代首相）

大東亜戦争が起きるまで、アジアは長い植民地体制下に苦悶していました。そのため、アジアは衰えるばかりでした。だから、アジアの希望は、植民地体制の粉砕でした。大東亜戦争は、私たちアジア人の戦争を日本が代表して敢行したものです。

アリフィン・ベイ（インドネシアの学者）

日本軍に占領された国々にとって、第二次大戦とは、ある面では日本の軍事的南進という形をとり、他面では近代化した日本の精神的、技術的面との出合いであった。日本が戦争に負けて、日本の軍隊が引き上げた後、アジアの諸国に残っていたのは、他ならない日本の技術的遺産であった。この遺産が、第二次大戦後に新しく起った、東南アジアの民族独立運動にとって、どれだけ多くの貢献をしたかを認めなければならない。日本が敗戦国になったとはいえ、その精神的遺産は、アジア諸国に高く評価されていたのである。

バー・モウ（ビルマの初代首相）

真実のビルマ独立宣言は、一九四八年一月四日ではなく、一九四三年八月一日に行われたのであって、真実のビルマ解放者は、アトリー氏とのその率いる労働党政府だけでなく、東條大将と大日本帝国政府であった。

オーストラリア国立大学国際関係学科主任研究員のミルトーン・オズボーン博士も、その著書で日本軍によって「ヨーロッパ人の優越性という神話が、ほとんど一夜にして崩壊させられた」と述べているように、白人不敗の神話を崩壊させた日本軍の戦略目標である南方資源の攻略は、陸海軍の協同作戦によって、予定よりもはるかに順調に進んでいくわけであるが、この南方作戦の成功の陰には、次のような零戦を中心とする、わが日本海軍航空隊の活躍があったことを忘れてはならないだろう。

封印された真珠湾攻撃の真実

日米開戦が勃発する前、連合艦隊司令長官の山本五十六大将は、日米の国力の差から米内光政大将や井上成美中将とともに、日米開戦に強硬に反対していた。

だが、御前会議で対米英蘭開戦が決定されたとき、彼の脳裏にあったのは、米国に勝つにはできるだけ早く、米太平洋艦隊に対して効果的な攻撃を与え、それによって戦意を喪失させて早期に外交交渉を行い、有利な妥協を獲得して講和に持ち込むことであった。

そこで、山本長官は、南方（東南アジア地域）の資源地帯の獲得を目指す陸軍の上陸部隊が開戦後に、米太平洋艦隊から妨害されないようにするためにも、ロンドン軍縮条約の影響で確立された従来の戦略思想（日本近海でアメリカ艦隊を迎撃するという、いわゆる列島線を利用した邀撃《ようげき》戦）に基づいた作戦ではなく、こちらから出向いて飛行機で真珠湾に先制攻撃をかける航空作戦を立案するのである。

この山本長官の立案した航空作戦に基づいて、日本海軍機動部隊（長官南雲忠一中将）は昭和十六年十一月二十六日午前六時、日本から五千数百キロも離れた米太平洋艦隊の本拠地であるハワイ・オアフ島の真珠湾を目指して、南千島にある択捉《えとろふ》島の単冠《ひとかっぷ》湾を出港、針路九十七度で一路東進した。

真珠湾攻撃に向かう日本海軍の零戦隊

やがて南雲機動部隊はハワイ時間七日午前五時四十分に、真珠湾の北方三六〇キロの地点に到達すると、午前六時五分（日本時間八日午前三時十九分）に、六隻の空母（赤城、加賀、蒼龍、飛龍、瑞鶴、翔鶴）から第一次攻撃隊一八三機（戦闘機、急降下爆撃機、雷撃機）がわずか十五分で発艦作業を終え、一路、オアフ島の真珠湾に停泊する米太平洋艦隊を目指した。

そして発艦してから約一時間五十分経った「午前七時四十九分に、

日本海軍機の攻撃で炎上する戦艦アリゾナ

オアフ島の山稜をかすめるようにして真珠湾上空にさしかかった」第一次攻撃隊は、総指揮官淵田美津雄中佐の「全軍突撃せよ！」の命令とともに、真珠湾内の艦船と飛行場に奇襲攻撃を敢行した。

続いて第二次攻撃隊一七一機も、午前九時（日本時間午前四時二十四分）に、同じくオアフ島の真珠湾に突撃を開始して大戦果を収めるのである。

空母「翔鶴」第一次攻撃隊第六制空隊の安部安次郎氏（海軍大尉）は、このときの状況について、次のように回想している。

『日本海軍は、真珠湾攻撃の日をX日と決めていたが、その日、すなわち昭和十六年十二月八日がついにきた。

暁闇をついて機動部隊の全空母から、戦闘機は発艦を開始した。私たちも「翔鶴」戦闘機隊二番機として、指揮官を先頭につぎつぎと発艦した。

……雲の上をしばらく飛行すると、やがて雲のきれ間に、白く波のくだける海岸線を発見した。と、同時に全軍に突撃の下令があって、われわれは定められた攻撃目標「カネオへ」に一路直行した。

雲は晴れ、視界はきわめて良好であった。はるか彼方の紺青の湾内に、白く対照的にクッキリ浮かんで飛行艇二機がいる。これは、まさしくＰＢ２Ｙである。上空の敵機を警戒しつつ、湾上を半周した後、指揮官機より銃撃に突入した。

一航過、二航過と、たちまち二機とも赤い炎をあげた。つづいて格納庫前のエプロンに整然とならべられた約四十機のＰＢＹおよびＰＢ２Ｙがあった。これぞ絶好の獲物である。

西から北から南から、零戦六機は文字どおり、獲物を襲う海鷲そのものである。バリバリと撃ちまくる零戦の独断場である。火を吐くもの、翼のちぎれるもの、あらかた炎上、撃破した。いや、まだいた。格納庫の南側に少しはなれて整備中と思われるＰＢ２Ｙが一機いた。一撃、二撃と、攻撃をくわえるが、なかなか火がつかない。そのため、三撃目は格納庫のスレスレまで降りて、やっと炎上させた。

銃撃にはいるとまもなく、司令部屋上、そのほかの個所から地上砲火の反撃もあったが、これはそれほど気にもかからなかった。それよりも、すこしはなれた宿舎から、ぞくぞくと自動車で基地に駆けつける将兵のあわてているありさまや、美しい基地の風景とうって変わって黒煙がもうもうとたち、修羅の巷と化した格納庫周辺の光景が印象的であった。

滞空時間もそろそろなくなり、目的もだいたい達成したため、予定の会合点でほかの攻撃隊と合同して帰途についた。攻撃隊が大部隊であったため、飛び石的に味方機がつぎつぎと母艦に引き揚げるところであり、航路をはずれる心配もなく、気らくに帰投することができた」

このような真珠湾攻撃の成功に対して、戦後の米国では、日本海軍が米艦隊の航空母艦を一隻も撃破できなかったことが、後のミッドウェー海戦の敗因となったとか、あるいは真珠湾で行った大惨事は、「米海軍の古い作戦計画の全部をご破算にすることになった」という批判がある。

特に、この二つ目の批判では、「一部の米海軍軍人は、日本軍がたくさんの屑鉄のような旧式軍艦を撃沈しただけでなく、古くさい戦艦第一主義〔いわゆる大艦巨砲主義〕まで効果的に打破してくれた」と認めているという。

『なぜなら、米太平洋艦隊に所属した空母「エンタープライズ」「レキシントン」「サラトガ」三隻は在泊しておらず、攻撃をまぬがれたので、やむなく戦艦にかわって太平洋艦隊の主力艦になった』からである。

そして、「この空母機動部隊は自動的に主要な海軍兵器になり、たちまち米海軍は、それをおおいに、また、たくみに使いこなすようになった。すなわち珊瑚海戦でも、ミッドウェーでも、ガダルカナルでも、ラバウルでも、マーシャル群島でも、トラック諸島でも、空母部隊はよくたたかった」というのである。

三つ目の批判は、日本海軍は「オアフ島にある米海軍工廠その他の施設をたたきつぶさなかった」というものである。なぜなら「これらの機械工場施設は、軍港で撃沈破された軍艦を修理するのに、はかりしれないほど貴重なもの」であるからである。

「そのうえに、太平洋艦隊の生命を維持する血液をたくわえた油槽群〔オイル・タンク〕も手をつけずのこした。これらのタンクはすべて地上にあり、したがって、きわめて攻撃されやすかった。もしこの油槽群が爆破されて喪失したら、太平洋艦隊の残存艦艇は米本国へ追いかえされることを、よぎなくされたであろう。そうしたら日本軍は数ヵ月もの長い間、太平洋を完全に支配したことであろう、その数ヵ月間こそ、東南アジア方面における日本の地位をおおいに強化して、現実の状況に重大な変化をあたえたにちがいなかった」というのである。

このように、後から結果だけを見て、真珠湾攻撃の失敗点を批判するのは簡単だが、南雲長官が再攻撃をせずに機動部隊を引き揚げたのには、それなりの理由がある。

当初から、真珠湾攻撃に反対していた第一航空艦隊参謀長草鹿龍之介氏（海軍少将）は、その理由について、次のように述べている。

「真珠湾の上空に残って、全攻撃隊の戦果を確認して帰還した淵田中佐から、真珠湾の戦況や戦果について詳しい報告を受け、大体において真珠湾の敵主力を潰滅せしめ得たことが判った。

そもそも真珠湾攻撃の大目的は、敵の太平洋艦隊に大打撃を与えて、その進攻企図を挫折させることにあった。だからこそ攻撃は一太刀と定め周到なる計画のもとに手練の一撃を加えたところ、奇襲に成功しその目的を達成することができた。機動部隊の立ち向かうべき敵はまだ一、二にとどまらない。いつまでも獲物に執着すべきでなく、すぐ他の敵に対する構えが必要であるとして、何の躊躇もなく南雲長官に進言して引き揚げることを決した。

〝なぜもう一度攻撃を反復しなかったのか〟などの批判もあるが、これはいずれも兵機戦機に触れないものの戦略であると思う」

真珠湾攻撃の総指揮官だった淵田中佐が戦後、「事実上南方作戦期間、太平洋艦隊の本格的渡洋来航を封止しようとする初期の作戦目的を達した」と回想しているように、南方作戦の補助作戦と位置付けられていた真珠湾攻撃はその所期の目的を達したと判断して、南雲中将が引揚げを決意したことは確実である。

このように、奇襲は二回ないし反復して行われるべきであり、陸上の軍事施設をも全滅すべきだったという意見もあるが、これは、「プラスアルファを希望する声であって、作戦としての真珠湾攻撃は、ほとんど完璧といっていい成功だった」のであり、「真珠湾作戦に成功したからこそ、その後の南方作戦が可能だった」と言っていいだろう。

むしろ、そのような問題よりも、前出の奥宮氏が「当時、米海軍軍人で、浅い真珠湾で航空魚雷攻撃を受ける可能性があると考えていた者は皆無であった」と述べているように、当時の米海軍には、ハワイの真珠湾を航空攻撃することは不可能であると考えられていたことの方が重要である。

なぜなら、英国の戦史研究家A・J・バーカー（陸軍大佐）は、その著書で日本軍の真珠湾攻撃に対して、次のような評価を与えているからである。

「このパールハーバーの大破壊の大半は、山本五十六によって、めざましくも開発された航空戦の新戦術がもたらした直接の戦果であった。米海軍の提督連中は、パールハーバー軍港の水深の浅い水域では飛行機が空中から首尾よく魚雷を発射することができるとは、だれも信じていなかった。しかし、日本軍はそう考えてはいなかったのだ。そして、かれらの主張を実証したわけである。また米海軍の提督たちは、はたしてとてつもなく厚い戦艦の甲板をつきやぶれるかどうか、うたがわしく思っていた。またしても日本軍は、そのような考えは誤りであることを証明した」

前出のマーチン・ケイディンも、その著書で、

こうして「戦争の第一日にアメリカは、太平洋戦域における全航空兵力の三分の二をうしなった。日本海軍のパールハーバー奇襲は、フィリピンにたいする増援基地としてのハワイの地位を、抹殺することに成功した。米太平洋艦隊は、その機能をうしない、航空兵力も壊滅的打撃をうけた」と述べている。

では、実際に、この真珠湾攻撃によって米太平洋艦隊は、どれだけの損害をこうむったのだろうか。

日本海軍機動部隊による真珠湾攻撃を讃えた西欧列強の人々の言葉はおびただしいが、その中でも代表的な軍人、政治家および識者たちに、戦後封印された真珠湾攻撃の真実について語ってもらおう。

バジル・リデル・ハート卿（英国の戦史研究家・陸軍大尉）

一九四一年のはじめまで、対米戦争のばあいにそなえた日本の作戦計画はフィリピン群島にたいする攻撃と同時に、フィリピンに駐屯する米軍守備隊を救援するため太平洋を横断して来航する米艦隊の進出をむかえうつ目的で南太平洋に配置された日本海軍の主力艦隊で対決することであった。それはまた米軍側でも、日本艦隊のとるべき行動として予期しつつあった。

しかしながら、日本海軍の山本五十六提督はいつのまにか新しい作戦計画すなわちパールハーバー奇襲の構想をうみだしていた。それは攻撃機動部隊が、千島列島を経由して遠まわりに接近し、北方からハワイ諸島をめざして探知されずに南下し、日の出前にパールハーバーから約四八〇キロはなれた位置から三六〇機の飛行機で攻撃をかける、という秘策であった。

これによって、太平洋上にある米・英・蘭三国の各領土にたいして、妨害されないで海上進攻〔大規模な上陸作戦〕を敢行できるように、進航路が切りひらかれて安全が確保される。それで日本軍の機動部隊主力がハワイ諸島に向かって北東方へ高速進航しているあいだに、他方では別の日本艦隊が軍隊輸送の護送船団を援護しながら南西太平洋を進航中であった。

……この大奇襲は、日本に大きな利益をもたらした。すなわちアメリカ太平洋艦隊は完全に戦闘力をうしなってしまった。それで日本軍の南西太平洋方面の作戦行動は、米海軍の妨害にたいして安全を確保された。またいっぽうでは、パールハーバー攻撃機動部隊が、いまや南太平洋を支援するために使用できるようになった。

マーチン・ケーディン（米国の航空記者）

「一九四一年十二月七日は軍事作戦上で、有史以来のもっともすばらしい日として残るであろう。作戦が見事に実行された、見事に計画された日として……」

「一九四一年十二月七日、日本軍は完全な奇襲攻撃を遂行した。日本軍は迅速、大胆かつ正確に攻撃した……。それはその最初の攻撃の麻痺的な効果を完全に利用したものであった」

「この攻撃は、完全な戦略的奇襲を遂行した……。空軍の使用法の立場だけからしても、この最初の一撃は非のうちどころのないものであった」

これらは強烈な言葉を使った文章である。一見してこれらの文章は、一九四一年十二月七日の朝、日本海軍のパールハーバーにおける、アメリカの軍事施設にたいする迅速な奇襲攻撃によって火ぶたが切られた、あの巨大な太平洋戦争の開幕の「客観的な記録」を作製する熱心な日本の歴史家の書いたものだと思われるであろう。確かにこれらの文章は、あの日曜日の朝の潰滅的な空中からの攻撃で、日本軍のはたした圧倒的な勝利にたいする讃辞である。

しかし、これらは日本の歴史家の誰が書いたものでもない。というのは、これは公式なアメリカの軍当局の文書からの抜粋、しかもこれと似通った多くのもののなかの一部にすぎない。二十四年という歳月は現実におこなった事態にたいする感情的な反応をやわらげ、われわれを全面戦争に引きずりこませたやり方にたいする、感情ぬきの評価を可能にするのに十分に長い年月である。時の経過は感情をやわらげ、またアメリカの国民を一九五一日間という長い戦闘にひきこんだ、この敗走の記録を曇らせる。今日でさえも、われわれがハワイのオアフ島で蒙った甚大な損害の規模を想いおこすには、記憶力を激しくゆり動かさなければならない。

……真珠湾にたいする日本側の研究書は、空軍による戦闘理論の基本的な法則に注意をはらっている。

「いかなる空中戦にあっても、その基本的な法則は、敵戦闘機の防禦活動を除去することにより、その場所で制空権をたちどころに獲得することである。

この教訓は真珠湾の攻撃においても厳密に守られた」

日本の爆弾と機関銃は攻撃の最初の段階において、米陸軍航空隊の爆撃機三十七機、戦闘機一〇四機をたちどころにとり除いてしまった。この過程において日本軍はアメリカ側の格納庫、貯蔵倉庫、兵舎、燃料・弾薬倉庫および他の重要施設を破壊し、炎上させた。ホイーラー《(ママ)》飛行場にたいしておこなわれた攻撃に関しての公式の報告書はつぎのように記録している。「二〇〇から二五〇フィートの高度から離れた爆弾のほとんどすべては、恐ろしいほどの確度をもって、並んだ格納庫に沿って投下された。日本軍は炎上によって航空機四十三機を破壊し、その他の方法によって二十九機を破壊した」

方法はきわめて簡単であった。アメリカ軍の防空施設を破壊し、できるだけはやく制空権を獲得し、敵の妨害を最少にして、降下爆撃機、水平爆撃機、攻撃爆撃機がその任務を遂行できるようにすることであった。

……戦闘は、初期の段階においては古典的な方法でおこなわれた。すなわち、日本側のペースにしたがっておこなわれたのである。

われわれは、この戦闘において非常に多くの人命を失った、総計二八四四名の軍人がオアフ島で戦死した。

「日本は問題にならないほどの損失しか蒙らずに大勝利を獲得した。その損害というものものはるかに少なかった。この奇襲は非常に首尾よくおこなわれ、あとからの飛行機の波状攻撃がその任務を成功裡に遂行したために、攻撃全体での日本軍の損失は、撃墜された航空機わずか二十九機、人員の損失は五十五名であった。日本の艦船は一隻もかすり傷さえ負わなかった。日本は、このようなとるにたらない代価を支払うことによってアメリカ軍用機三〇〇機以上を破壊し、ハワイ地域における空軍力を粉砕し、航空母艦を除く太平洋艦隊のすべてを無力にした。島の軍事施設を粉砕することによって、ほかの太平洋戦域での主要な補給基地であったハワイは、大打撃を受けたのである。この攻撃で殺傷されたアメリカ人は四〇〇〇人以上におよんだ。このようにきわめて軽微な損失しか蒙らなかったために、日本軍機動部隊は太平洋のほかの目標に力を投入することができた」

「一九四一年十二月八（七）日の戦争の最初には、われわれの方が軍用機の数では二対一で日本を圧倒していたのである。だがその日が終わらないうちに、日本軍の急速な攻撃のためにわれわれの空軍力は減少し、彼我の数的優位は大幅に変わった。合衆国は太平洋地域における全航空兵力の三分の二を失った。

日本軍の真珠湾攻撃は、フィリピンをただちに補強する基地としてのハワイを除去するという意味で、最大の効果を発揮した。この包囲された島々にたいする日本軍の攻撃によって、われわれの残った空軍力は急速に破壊され、そのためわれわれの飛行士は非常に勇気をもっていたにもかかわらず、彼らにできる精一杯のことといえば一時的に敵を悩ますことぐらいであった」

ご愛読ありがとうございます（アンケートにご協力お願い致します）

●ご購入いただいた図書名は？
●ご購入になられた書店名は？ 区 市 町

●本書を何で知りましたか？

①書店で見て　②新聞の広告（媒体紙名　　　　　　　　）

③インターネットや目録　④そのほか（　　　　　　　　）

●ご意見・著者へのメッセージなどございましたらお願い致します

●お客様の個人情報は、個人情報に関する法令を遵守し、適正にお取り扱い致します。ご注文いただいた商品の発送、その他お客様へ弊社からの商品・サービスなどのご案内をお送りすることのみに使用させていただきます。第三者に開示・提供することはありません。

郵便はがき

料金受取人払郵便

豊島局承認

5851

差出有効期間
平成26年11月
30日まで

1718790

425

東京都豊島区池袋3-9-23

ハート出版

① 書籍注文 係
② ご意見・メッセージ 係（裏面お使い下さい）

〒			
ご住所			
お名前	フリガナ	女・男 歳	
電　話	－　－		

注文書	お支払いは現品に同封の郵便振替用紙で（送料200円）	冊数

A・J・バーカー（英国の戦史研究家・陸軍大佐）

日本帝国海軍は米国海軍よりも劣勢であった。米国海軍は、太平洋、大西洋の二つに分かれてはいたが、米太平洋艦隊の海軍力は英国とオランダの海軍と協同したばあい、日本よりはまさっていたのだ。

しかし、奇襲というはかり知れない利益をかんがえて、山本司令長官はイカサマサイコロで大バクチをうった。そして、パールハーバーの大損害の報告、すなわち戦艦「アリゾナ」の完全破壊、戦艦「オクラホマ」の転覆、戦艦「カリフォルニア」の沈没などが、艦隊司令部にはいってきたとき、キンメルは、日本が、うたがいなく、すくなくとも一時的にせよ、太平洋の支配者になったことを知った。かれは復讐の機会をのぞんだかもしれない。しかし、かれは心のなかで、庭にとびだして、翼に日の丸をつけた日本軍の大編隊をみたとき、軍人としての生涯はおわったことを知ったにちがいない。

……一時間五〇分つづいたパールハーバー攻撃で、日本軍はアメリカ軍のキモをつぶすような大勝利をおさめ、アメリカ太平洋艦隊に圧倒的な大打撃をあたえた。一九四一年〔昭和十六年〕十二月七日（米国時間）の正午までに、パールハーバー軍港は無力化されて、もうもうとたちこめる爆煙のなかにつつまれていた。その大損害の見積りは、戦艦八、巡洋艦三、駆逐艦

三、補助艦艇八、総計二一隻三〇万トンにたっしていた。これにくわえて、ヒッカム、ホイラーその他の飛行場が破壊されて、ハワイ駐屯の米航空部隊二三一機のうち九六機が撃破された。しかも残りの飛行機のなかで、すぐとびたって反撃できるものは、わずか七機にすぎなかった。けっきょく、オアフ島の米海軍機の半数以上もまた撃滅されてしまった。

軍艦の乗組員の損害だけでも、総計一七六三人の士官、水兵がやられたが（一般市民をのぞく）この数字は日本軍の奇襲直後の計算であり、それは陸上での人的損害をくわえると、あとでは二三三五人にふえた。しかし、この数字は戦死者だけのもので、さらにおおぜいの士官、水兵が負傷した。そのうちの多数は数日後か、数週間後に死亡した。

サミュエル・E・モリソン博士（ハーバード大学教授・海軍少将）

近代史上で、戦争が一方の側によるかくも殲滅的な勝利によって開始されたことは未だかつてなかった。そしてまた人類史上で緒戦の勝利者がその計画した奇襲に対して、終局にはかくも高価な代価を支払ったことも決してなかった。わずか一瞬の間に、アメリカ合衆国は不安定な中立から全面的な交戦状態に突入した。かくて十二月七日（米国時間）は、一三五一日間にわたる大戦争の第一日となったのだ。

ゴードン・W・プランゲ博士（メリーランド大学教授・海軍少佐）

ハワイに対する日本の電撃的な攻撃は、アジアにおける戦略的均衡を、その根底からくつがえした。わずか数時間で、日本は中部および西部太平洋の覇権をその手中に収めた。北はアリューシャン列島から南はマーシャル群島まで、東はミッドウェー島から西はベンガル湾までの広大な海域は、当分の間、日本海軍の制するところとなった。日本はその待望の目標である南方資源地帯を、アメリカ海軍に作戦の側面をおびやかされる心配なしに、侵略できることになった。アメリカが、極東に領有していた領土は海軍兵力による支援を断たれて丸裸となった。フィリピンに増援兵力を送りシンガポールのイギリスを援助する望みは、ハワイ基地崩壊の煙と灰のなかに消え去った。ブロッシュ少将はきわめて率直に次のように言った。「われわれは一撃を食らって完全にグロッキーになった」

事実、日本の真珠湾攻撃はアメリカの象徴であるワシの足のつめを奪うこととなった。真珠湾で受けた大損害のために、アメリカ太平洋艦隊は弱体となり、一時的にその行動の自由は麻痺し、その作戦計画は大幅に狂った。キンメル大将が指令されていた作戦計画は攻撃的なものであり、戦闘となったならば、艦隊はその全力をあげて真珠湾を出撃し、外洋に敵を求めて攻撃を加えることになっていた。しかし、今や主導権はその手から奪われて二つに引き裂かれ、胸元につきつけられた剣先の前に、退かなければならなかった。

……アメリカは好むと好まざるとにかかわりなく、守勢に立たされた。

……しかし、同時に、客観的な物の見方をするアメリカの人たちはみな、たとえ世論に脅かされても、日本の真珠湾攻撃が輝かしい海軍作戦であったことをはっきりと認めた。それは独創性、不断の訓練、技術的な知識、そつのないタイミング、正確無比な実施行動、非常な勇気、それに途方もない幸運を必要とする作戦であった。数えることができないほどの困難や大変な障害にもかかわらず、日本海軍は広範な規模の独創的な計画を立て、それをいささかの支障もなく実施したのであった。

……その日本艦隊がいまや実際に真珠湾外に現われて、真珠湾をこま切れにしたのであった。驚くほど多くの一般市民はむろん海軍の専門家ですら、それまでみくびっていた日本が自力でそのような徹底的な攻撃を加えたと考えることができず、ドイツが日本のバックとなり、その作戦を計画し、攻撃にもドイツ人がパイロットを貸したと結論したほどであった。

今や日本は劣等国であるという伝説が消え去るとともに、〝難攻不落の真珠湾〟といういま一つの幻想もくずれ落ちた。

ヘンリー・スチムソン（米陸軍長官）

私は日本が攻撃目標の一つに米国最大の根拠地を選んだ驚きから落ち着きをとりもどしたと

き、大勝利の自信ある希望にみたされた。それというのも、ハワイにある警報を受けた部隊が、日本の攻撃部隊にきわめて大きな損害を与え得るだろうと、私は考えたからである。日本は戦略的にはばかげた行為であったが戦術的には大成功をおさめたことを私が知ったのは、その日の夕方になってからであった。日本軍部は唯一の終局の結果しかない戦争をはじめたのであるが、日本のすべり出しは明らかにすばらしいりっぱなものであった。

その他に、米海軍の名将として知られたプラット大将も、この真珠湾作戦を評して、「きわめて周到な計画、きわめて勇敢な実施」と述べ、「リメンバー・パールハーバー」という国民的敵愾心を煽る大合唱の中で、平然と戦術家としての言葉を吐露している。

また真珠湾攻撃惨敗の責任を追及した米国の上下両院合同査問会の報告においても、「攻撃はとうじとしては、日本があのような遠距離で、しかもあのような状況のもとに、単一作戦面に投入しうる兵力として予想されたより、はるかに強力な部隊によって、たくみに計画され、かつあざやかに決行されたのである」と、ハッキリと敗北を認めている。

敵国側が真珠湾攻撃を讃えているように、まさに山本長官が立案した作戦によって「あのような大艦隊を、米軍に察知されることなく、ハワイの近海まで進出させたことが、真珠湾攻撃が予期以上の戦果をあげることができた基本的な要件であった」のである。

こうして、日本海軍は、日本の同盟国であるドイツのヒトラー総統がベルリンの議会で「精神的に狂気のルーズベルトは日本を戦争に挑発した。アジアにおけるドイツの盟邦日本は、礼儀作法をわきまえぬ米国のならずものに一撃をくわえた」と述べ、またイタリアのムッソリーニ総統も、ベネチア広場にあつまった群衆にたいして「太平洋におけるはなばなしい攻撃は、大和魂の発露である。イタリアは、いまや英雄的な日本とむすびついている」と述べているように、日本を戦争に追い込んだ米国に捨て身の一撃を加え、アジア解放の布石を打つのである。

この日、攻撃機とともに、真珠湾上空に現れた零戦隊は、初めてアメリカのP40やP36と交戦することになった。この戦闘で、第一次攻撃隊制空隊の零戦三機と第二次攻撃隊制空隊の零戦六機が一年四ヵ月前に中国に出現して以来、初めて敵機に撃墜されるのであるが、どの零戦が対空砲火で撃墜され、どの零戦が敵機に撃墜されたかについては、正確にはわかっていない。

ただ、第一次攻撃隊第二制空隊長志賀淑雄氏（海軍少佐）の回想録によれば、志賀小隊の三番機、佐野精之進二飛曹の零戦が行方不明となっており、また敵の地上砲火に射たれて火を噴いた山本飛曹の零戦は、翼を大きくふって僚機に別れを告げると、敵地に向かってまっしぐらに自爆している。

また第二次攻撃に参加した空母「蒼龍」制空隊の第三中隊長飯田房太大尉（海兵六二期）は、カネオへ海軍基地に隣接する陸軍のベローズ飛行場を銃撃した後、被弾した機体から燃料の尾を引いていることが分かったため、母艦には帰投不能と判断し、途中でカネオへ海軍基地に急降下し、燃えあがる格納庫に突入している。

飯田大尉は、ある日のミーティングで「真のサムライである軍人にとって、もっとも重要なことは、最後の決意である。たとえば、わたくしが燃料タンクに致命的な損害をうけたならば、敵に最大の損害をあたえるために、生還を期することなく、目標にむかって体あたりするつもりである」という訓示を部下に与えていたことから、その信念に従ったものと思われる。

飯田大尉と一緒に被弾した第三中隊第一小隊の厚美峻一飛曹（甲飛二期）は、燃料の尾をひきながら敵戦闘機と空戦を行ったが、途中で火が燃料に引火したため、火ダルマとなって墜落している。飯田大尉の三番機だった石井三郎二飛曹も、自爆して集合地点にはもどらなかった。

前出のマーチン・ケイディンによれば、真珠湾が日本軍から攻撃を受けたとき、偶然にも、その夜、ポーカーで徹夜していた五人の操縦士のうち、ジョージ・ウェルチとケネス・テーラーの二人だけが、ホイラー飛行場から八マイル離れた新設したばかりのハレイワ飛行場に自動車で乗り込み、最初の爆弾が炸裂してから二十分後には、カーチスP40トマホーク戦闘機に飛び乗って、日本軍の攻撃機を四機撃墜しているが、零戦は撃墜していない。

だが、マーチン・ケイディンは、その著書で

『零戦にたいして、もっともよく働いたのは、ホイラー飛行場のカーチスＰ36「モホーク」戦

闘機に搭乗していた、第十五追撃隊第四十六中隊のパイロットたちであった。……かれらは、離陸しないように警告されていた。それは地上の対空部隊が、空中に見えるものは、何でも射撃していたからであった。しかしパイロットたちは、この警告を無視して、ダイヤモンドの上空八〇〇〇メートルに上昇し、零戦の一隊に突入した。勝ち味はあきらかに日本軍にあった。九機の零戦にたいし旧式のP36は五機であったからだ。

米軍機は日本軍の編隊に突入して不意をついた。レイウス、サンダー、フィリップ・ラスミューゼンの三中尉は、それぞれ零戦の後尾について至近距離から機関銃火をあびせかけた。二機の零戦は火をふいた』と述べている。

東南アジアの民族独立運動に火をつけた真珠湾攻撃

ところで、元防衛大学教授の野村実氏によれば、昭和六十一年九月五日から八日にかけて横浜国際会議場で開催された日本国際政治学会主催の創立三〇周年記念シンポジウムに、英国と米国の著名な学者や韓国、中国、フィリピン、マレーシア、タイなどからも多くの学者が参加したが、そのときに、「東南アジアの民族独立運動の観点から、太平洋戦争を論ずるセッションも計画」され、その席上でマレーシアとタイの学者から「日本の真珠湾奇襲の成功は、東南アジアの被圧迫民衆に強烈なショックを与え、民族独立運動の火に油をそそぐ結果となった」

という意見が出されたという。

その理由として、野村氏は、「古くからインドネシアにはスカルノやハッタなど、ビルマにはバーモーやオンサンなど、インドにはガンジーやネールなどの民族独立運動の志士がいた。これらの志士たちの伝記を読むと、青少年の頃、日露戦争における日本の勝利を知って、ヨーロッパの白色人種からの独立が不可能ではないと信じ、その運動に情熱を燃やした人びとがいたことがわかる。

真珠湾奇襲の成功は日本海海戦の日本の勝利と同じように、東南アジアの人々には白人の権威を失墜するものとして映った」からであると述べている。

全ての被圧迫民族に影響を与えた真珠湾攻撃

著者は、本章の冒頭で昭和十六年十二月八日に、マレー半島北部東海岸のコタバルに上陸した、わが日本軍が英印軍を降伏させた後、ビルマ、フィリピン、ベトナム、ラオス、カンボジア、インドネシアを、白人の植民地支配から次々と解放していったとき、その姿を見た東南アジアの人々は、民族としての正しい意思をもっていれば、必ず独立できるという自信と勇気を与えられ、そのことが日本の敗戦後に展開された「第二次大東亜戦争」とも言うべきアジア諸国の民族解放戦争や民族独立運動に対して、決定的な影響をもたらしていったことを述べた。

実は、日本海軍機動部隊が実施した真珠湾攻撃の成功も、東南アジアの民族だけでなく、アメリカの黒人や南米の人々など、全ての被圧迫民族にも同じような影響を与えたと思うのである。なぜなら、神田外国語大学助教授のレジナルド・カーニーは、その著書で、次のように述べているからである。

『第二次大戦の当初、アジアの人々の多くが、アメリカなどの白人諸国に対する日本の勝利に喜んでいた、ということである。

……一九四一年一二月七日、真珠湾。日米開戦の口火となった敵国日本によるこの攻撃を、解放への光明と喜んだアメリカ人がいた。ブラック・アメリカン、つまり黒人たちである。黒人の中には、この戦争は「人種戦争」だと公言し、日本はアジアを白人から解放する英雄であるという者すら出てきた。白人優位の神話を根底から覆した日本人。そんな日本人と戦うくらいなら、監獄に行った方がましだ。こんな考えが、黒人の間を駆けめぐっていた』

また米国の黒人ジャーナリスト、J・A・ロジャースも、「そもそもヨーロッパやアメリカがこれらの地域を植民地支配しなければ、日本との戦争は起こり得なかった。真珠湾はなかったはずだ」と述べている。

著者が、まだ学生だったころ、戦前に外国航路の船員だった人から、次のような面白い話を聞いたことがある。

その人によれば、真珠湾攻撃があったころ、たまたま寄港したメキシコで靴磨きの人から「日本はついにやりましたね！」と言われたというのである。

しかし、それは、メキシコ人だけの気持ちではないことは、次のようなメキシコを始めとするスペインとアメリカとの関係を見れば一目瞭然であろう。

一六二〇年に、ピルグリム・ファーザーズ（巡礼の始祖）の一団が英国本国での宗教弾圧から逃れるために、メイフラワー号で北米大陸の一郭プリマスに上陸して以来、本国から次々に入植してきた植民者の人々は一七七六年七月四日に、本国に反発して東部十三州で独立を宣言した後、独立戦争を展開して独立を獲得した。

そして、本国から広大な土地を求めてやって来た彼らは、この二百年の間に、アメリカ先住民から土地を奪い、アフリカから強制連行した黒人を奴隷にしながら、太平洋まで領土を拡大していくのである。

アメリカは一八四五年に、メキシコから独立したテキサスを併合すると、翌年五月には、メキシコと戦端を開いてメキシコ市を陥落させ、四八年に、当時のメキシコ領の半分にあたるカリフォルニア、ニューメキシコおよびアリゾナなどの広大な領土を割譲させることに成功した。

プロテスタント国家であるアメリカの州の地名に、カトリックの聖人の名前（サンフランシスコ、サンタモニカ、サンアントニオなど）が多いのは、このためである。

アメリカが、これらの土地を手に入れるために、メキシコ領テキサスのサンアントニオに築いた「アラモの砦を囮にして相手を挑発し、わざとメキシコ軍に先制攻撃をさせ、自軍に相当の被害を出させた上で」、「アラモを忘れるな！」を合言葉に戦争を正当化し、国民の戦意を鼓舞させたことは、あまりにも有名である。

メキシコとの戦争に味をしめたアメリカは一八九八年に、今度はスペイン領キューバのハバナを表敬訪問中の米戦艦メーン号を自爆させ、これをスペインの仕業にして、スペインと戦端を開くのであるが、このときの合言葉が「メーン号を忘れるな！」であった。

この米西戦争にも勝ったアメリカは、カリブ海にあるスペイン領のプエルトリコなどを占領して中南米諸国を支配する足がかりをつくるのであるが、この戦争は、「カリブ海だけでなく、太平洋、極東において、アメリカがスペインを押さえてアジア、太平洋の覇権を握る一大契機となった」のである。

アメリカがよく使う、この「〇〇〇を忘れるな！」という合言葉は、ルーズベルト大統領が使った「真珠湾を忘れるな！」（「リメンバー・パールハーバー！」）という合言葉とともに、アメリカの為政者が相手国に侵略戦争を仕掛けるときに使う常套手段であると言ってもいいだろう。

以上の歴史的背景から見ても、前出の黒人やメキシコ人の言葉は、長い間、白人たちに抑圧されてきた被圧迫民族たちの気持ちを代弁していることは間違ないだろう。

真珠湾攻撃計画に大きな影響を与えた零戦

ところで、戦後の日本では、日本陸軍による南方占領作戦を可能にさせた、この真珠湾攻撃計画に大きな影響を与えたのが零戦であったことは、意外にも知られていない。零戦を設計した堀越技師は、その著書で「真珠湾攻撃は、全体的には大成功で終わったが、零戦としては、問題にならないほど少数の十数機ほどと戦い、地上機を銃撃したぐらいで、持てる力を十分に生かした戦いとは言えなかった。零戦が最初に真にその本領を発揮したのは、むしろ、フィリピンにおいてであった」と述べているが、これは少し皮相的な見方であろう。

零戦の真価は、支那事変のときの例を見てもわかるように、単に空戦能力だけにあるのではなく、外国の戦闘機どころか、攻撃機をはるかに超えた航続能力にあるわけである。だからこそ、零戦は、空母から片道約四八〇キロも離れた真珠湾まで攻撃機と一緒に飛んでから、ハワイ上空で一時間以上にもわたって戦闘を繰り広げることができたのである。

これについては、元横須賀海軍航空隊戦闘機隊分隊長で、支那事変と大東亜戦争に海軍戦闘機隊を率いて戦い、最後は第十一航空艦隊の参謀を務めた野村了介氏（海軍中佐）が回想録で、次のように述べているので引用しよう。

「太平洋戦争の目的であった、南方資源地域を手に入れるには、その番犬役をつとめる米太平洋艦隊を、パールハーバーでいためつけ、すくなくともしばらく動けないようにしておく必要があった。

だが、そんなことがはたして出来るのだろうか。むかしから、海上から、陸上の要塞を攻撃するのは、海上軍のもっている攻撃兵器の有効距離が陸上軍のもっている攻撃兵器の有効距離にひとしいか、それよりすぐれている場合にのみ成功の可能性があった。

太平洋戦争勃発の頃は、飛行機発進から洋上二五〇カイリまでの索敵は相当むずかしい仕事だった。レーダーが出来るまでの索敵は、原始以来、すこしずつ退化してきている肉眼の視力にたよるので、捜索範囲をひろげるためには、多数の飛行機が必要だし、四六時中、索敵を続けることは、搭乗員の体力から考えても、不可能に近かった。

しかし、もしここに傑作機があって、洋上二五〇カイリ以上の地点から、陸上基地を攻撃して帰投できる艦上機があるとすれば、パールハーバー奇襲の可能性があるということである。

もちろん、とうじでも艦上攻撃機はこれくらいの航続力をもっていた。だが、相手は防空戦闘機をふんだんにもつ陸上基地である。掩護戦闘機をともなわない攻撃機は、へたをすると攻撃のまえにみな撃墜されてしまう公算がある。

けっきょく、洋上二五〇カイリからの攻撃、すなわち往復五〇〇カイリ、プラス三十分の空戦のできる艦上戦闘機があればよいのだということになる。この要求をみたしたのが零式艦上戦闘機であって、とうじこのような性能をそなえた戦闘機は、世界でも零戦以外には存在しなかった。

もし零戦ができなかったら、連合艦隊もパールハーバーの奇襲を計画できなかったろうし、軍令部も開戦の決定をしぶったかも知れない。春秋の筆法をもってすれば、零戦があったので太平洋戦争が起った、ともいえそうである」

前出のロバート・C・ミケシュも、この野村氏の言説を補足するかのように、次のように述べている。

「日本がアメリカと開戦するにあたり、勝算をはじき出しえたのは、すばらしい高性能・零戦を持っていたからである、というのが、今日の歴史家のあいだではほぼ定説となっている。日本海軍の用兵サイドは、その性能とこれまでの戦績から、空戦において零戦一機はアメリカやイギリスの現有戦闘機の2~5機と対等に戦いうる、と確信していた。アメリカの底知れぬ生産力を考えれば、早期に勝利を収めることが必須の条件であり、零戦には、各戦域での制空権を確保するという、重要な任務が課せられていた。

本機の備える抜群の能力から、日本海軍の司令官たちは、彼らの練りあげた対米作戦で勝利を得ることに、大きな確信を持つことができた」

では、実際に、真珠湾攻撃に参加した零戦二一型（A6M2）の航続能力は、どれくらいのものであったのだろうか。その議論に入る前に、ここで零戦の能力を再チェックしてみたいと思う。

先に述べたように、他機に比べて零戦の卓越した能力の一つは、航続能力にあったことは間違いないが、それを可能にさせた理由として、まず重量の軽量化に成功したことを挙げなければならないだろう。例えば、本機に搭載された中島製の「栄《さかえ》一二型」エンジンの出力（九八〇馬力）を同じ他国の戦闘機のそれと比較すると、「栄一二型」エンジンの重量の方が非常に軽くなっている。

次に、零戦の軽量化に成功した、もう一つの理由として上げられるのは、機体全体をフレームと外皮を結合したセミモノコック構造にしたことである。この材質は、フレーム構造を使用した英軍戦闘機の「ハリケーン」の材質よりも軽く、これを使うことで、より大きな強度を得ることができたのである。

さらに零戦は、この「新構造を採用すると共に、フレームやサブフレームにまで肉抜き穴をあけている。サブフレームの厚さはわずか0・6ミリしかない。これを肉抜きして、更に軽くし

ハート出版 図書目録 平成25年9月

株式会社ハート出版 03-3590-6077 〒171-0014 東京都豊島区池袋 3-9-23

ご注文の方法

●小社出版物のご注文は書店または添え付きの葉書でお申し込み下さい。葉書到着の翌々日までに発送します。（土日祝は除く）お支払いは現品到着次第同封の郵便振込でお振り込み下さい。送料は実費ご請求させていただきます。
●お急ぎの場合は電話・ＦＡＸ・電子メールでも注文できます。

電話 04-2947-1155　FAX 04-2947-1076

●目録の価格表示は定価です。定価は消費税（5%）を含みます。
●定価等は今後諸般の事情により変わることがあります。予めご了承下さい。
●商品によっては、在庫に僅少につき、売り切れる場合がございます。

世界・心理

表記ないものは四六並製　各1575円

使に会いました

使にまつわる奇跡と感動のストーリー。
エマ・H・ジェームズ著 ラッセル秀子訳

んはスピリチュアルな病気

ガン患者によるガン患者のための最高傑作」
ョン・R・マクファーランド著　浦谷計子訳
四六上　2205円

うら重心は幸せの法則

作直樹教授も体験・推薦！
宙の根源的エネルギー「気」
コントロールすることで心も体
楽になり人生が好転する。
佐藤眞志著　1470円

近藤千雄訳／監修
シルバーバーチ・シリーズ

ルバーバーチとは、霊媒のモーリス・バーバ
ルの肉体を使って、1920年から60年間に
たって霊的教訓を語り続けてきた古代霊。

Dブック］シルバーバーチは語る

A5上　CD53分　2520円

付スピリチュアル・イングリッシュ

ルバーバーチで英語の力をつける。
本英知著 近藤千雄監修 A5並 1995円

近藤千雄のスピリチュアリズム

新装版］迷える霊との対話

ピリチュアリズムによる病気治療とヒーリン
の効果を科学的に実証した記録。
C・A・ウイックランド 2940円

スピリチュアル評伝シリーズ（四六上製）

エス・キリスト失われた物語

）若き革命家イエスの、痛快な冒険
劇がここにある！
F・V・ロイター著　近藤千雄訳

その他の推奨図書を表します。

葉祥明のスピリチュアルシリーズ

スピリチュアル・ストーリーズ

やさしい心、思いやりの心をはぐくむ親と子のためのスピリチュアルな童話。
オリーブ・バートン著　近藤千雄訳　葉祥明画
A5判変形 1470円

ホワイトウルフの教え

高次元存在のホワイトウルフ・スピリッツから、現代に生きる私たちにもたらされた言葉。
ホワイトウルフ著　葉祥明編　1050円

長江寺住職 萩原玄明の本

[新装版] 精神病は病気ではない

精神科医が見放した患者が完治した驚異の記録
精神科医が見放した患者を独特の〈霊視〉と〈供養〉で次々と完治させた記録。
四六上　2100円

[新装版] 精神病が消えていく

続・「精神病は病気ではない」

精神病が治ることへの第一歩は、忘れて暮らしてきた大きな一つのことに気がつくこと。

1365円

死者からの教え

死者の霊魂とどうつきあうか。
四六上　2039円

あなたは死を自覚できない

精神病は死者からのメッセージ。
四六上　1529円

これが霊視、予知、メッセージだ

著者が視た死者たちからの映像通信。
四六上　2100円

心を盗まれた子供たち

最近多発する青少年たちの異常な犯罪も、子供たちの心の異変とは無縁ではない…。

竹林はるか遠く 日本人少女ヨーコの戦争体験記

1986 年にアメリカで刊行後、数々の賞を受賞。待望の日本語版
大戦末期のある夜、小学生の擁子（ようこ·11 歳）は「ソ連軍がや
てくる」とたたき起こされ、母と姉・好（こう・16 歳）との決死
朝鮮半島逃避行が始まる。欠乏する食糧、同胞が倒れゆく中、抗
パルチザンの執拗な追跡や容赦ない襲撃、民間人の心ない暴行も
いくぐり、祖国日本をめざす。終戦前後の朝鮮半島と日本で、日
人引き揚げ者が味わった壮絶な体験を赤裸々に綴る、息もつかせぬ、愛と涙の
バイバルストーリー。　ヨーコ・カワシマ・ワトキンズ著　都竹恵子訳　1575

特攻
空母バンカーヒルと二人のカミカゼ 米軍兵士が見た沖縄特攻戦の真実

米軍の旗艦バンカーヒルを戦闘不能に陥れた２機の零戦による壮絶なる特攻。日米両国の生存者へのインタビューによって、極限の戦いの中でそれぞれの国のために尽くした男たちの真実の姿が今、明らかになる。

マクスウェル・テイラー・ケネディ著
中村有以訳　四六上 672 頁　3990 円

世界が語る 神風特別攻撃隊
カミカゼはなぜ世界で尊敬されるのか

「カミカゼは軍隊における統率の極致である」
―ゲレット・T・マルチンス（ブラジル海軍大佐・日本駐在武官）
豊富な資料と数々の証言によって、戦後
印された「カミカゼ」の真実を解き明かし
世界に誇る「特攻」の真の意味を問う。

吉本貞昭　四六上　1680

世界が語る 大東亜戦争と東京裁判
アジア・西欧諸国の指導者・識者たちの名言集

東條英機元首相の孫娘 東條由布子氏、推薦。
「この本は、私の教科書」
私たちの先祖は、何を守り、何と戦い、そして何を勝ち取ったのか――。今こそ日本人が知るべき「我が国」の本当の歴史が、ここにある。

吉本貞昭　四六上　1680 円

東京裁判を批判した マッカーサー元帥の謎と真実

その謎と真実を豊富な資料と証言によって解き明かすマッカーサー研究の決定版。衝撃のノンフィクション！東京裁判を批判し、裁判の誤りを認めたマッカーサー。そのとき日本のメ
ディアは何を報道し、何を報道しなか
たのか。朝日新聞を始めとする全国
紙の報道を完全収録！

吉本貞昭　四六上　1890

ているのである。また飛行機は、部位によってかかる荷重が変わってくる。零戦では荷重のかかる部位を強靭に作り、それほどでもない部位を軽く作っている。これに大きく貢献したのが前述のセミモノコック構造で、零戦の外皮のうちもっとも薄い機首周辺は0・4ミリしかない。内部に強靭なエンジン架があるからである」

また剛性低下方式と呼ばれる設計法も軽量化に寄与している。「翼には、常に上向きの力がかかる。つまり胴体下面下部は左右から引っ張られるだけで、押されることがない。従来は圧力も引っ張りも同じ強度として計算していたのを、零戦ではこの2種類を別々に計算、設計した」のであるが、「その結果、さらなる軽量化に成功した」のである。

その他に、零戦の軽量化には、一平方ミリメートルあたり六十キロまでの張力に耐えられる住友金属が開発した超超ジュラルミン（ESD）というアルミニウム合金や、空気抵抗を減らすために沈頭鋲が採用されていることを挙げなければならないだろう。

こうした機体の軽量化をうまく活かして、さらに航続能力をアップさせるために採用したのが主翼内タンクである。これは、他国機が構造上取り付けられなかったことから考えて、画期的なことであった。

このほかに、零戦に採用されたものとして、先に述べた落下式増設燃料タンクがある。

先に述べた一一型に続いて、昭和十五年十二月四日に制式採用された零戦二一型（採用当時の呼称は、「零式一号艦上戦闘機二型」）の落下式増設燃料タンクは、直径四五センチ、長さ一・八メートルの流線形のもので、三三〇リットル（約七二・五ガロン）のガソリンを入れることができた。

全燃料の三分の一にあたる落下式増設燃料タンクを取り付けることによって、五・六一時間しか飛べなかった零戦は、九・三三時間まで飛行できるようになったのである。

これによって、長距離の往路を飛行できるようになった零戦は、空戦のときには、これを切り離して捨てるというやり方をとったが、九六式艦戦で最初に採用した「流線形をした落下タンクは、世界でもはじめてのものであった」

こうした様々な新機軸によって軽量化に成功した零戦一一型（A6M1）を母艦格納と母艦リフトの寸法を考慮し、簡単に両翼端を五十センチのところで、上方に九十度折り曲げられるように改造したのが零戦二一型（A6M2）であるが、その航続距離は最大三、五〇二キロにまで達した。

これに対して、米英軍の戦闘機の航続距離は、F2Aバッファロー戦闘機で最大二、七〇四キロ、F4F戦闘機で最大二、七二〇キロ、F6F戦闘機で最大二、九七七キロ、ハリケーンで最大一、四八一キロ、スピットファイアで一、六〇〇キロとなっていた。

また、他の日本の陸海軍戦闘機の航続距離を見ると、海軍の月光が最大三、一五〇キロ、雷電二一型が最大一、八九六キロ、紫電改が最大一、七一三キロ、紫電が最大一、四三〇キロで、陸軍の隼一型が最大一、〇〇〇キロ、屠竜が最大二、〇〇〇キロ、飛燕二型が最大一、六〇〇キロ、五式戦が最大二、〇〇〇キロ、疾風が最大二、一六八キロ、鍾馗の二型が紫電にやや劣る程度であったが、これらを見ても、いかに零戦の足が長いかがわかるわけであり、まさに零戦の航続能力は、世界一であったと言っていいだろう。

航空ジャーナリストの碇善朗氏も、真珠湾攻撃で『ゼロ戦の示した航続性能はすばらしいものがあった。すなわち、第一次攻撃隊の第三制空隊指揮官として出動した航空母艦「蒼龍」の戦闘機分隊長菅沼政治大尉は、発進後、第一次攻撃隊の掩護と飛行場の銃撃を行ったのち単機空中にとどまって第二次攻撃隊の来るのを待ち、一時間一五分後にやって来た第二次攻撃隊といっしょに帰った。この間、海上と敵地上空を七時間近くも飛び続けたのだからパイロットも立派だがゼロ戦の性能はすごいの一言につきよう』と述べているが、先に述べた零戦の航続距離を見ればわかるように、彼の言っていることは、大げさでもなんでもないことは明らかである。

また前出の野村氏も、「とうじこのような性能をそなえた戦闘機は、世界でも零戦以外には存在しなかった。もし零戦ができなかったら、連合艦隊もパールハーバーの奇襲を計画できなかったろうし、軍令部も開戦の決定をしぶったかも知れない」と述べている。

世界一の航続能力を持った零戦があったからこそ、真珠湾攻撃ができたわけであり、また真珠湾攻撃の成功があったからこそ、長い間、白人たちに抑圧されてきた被圧迫民族は、民族としての正しい意思を持っていれば、必ず独立できるという自信と勇気を与えられたのである。

南方作戦で真価を発揮した零戦

この真珠湾攻撃と同時に、日本海軍航空隊は、南方作戦の一環として、フィリピン、ルソン島のクラーク・フィールドと西岸イバを、そして首都マニラ郊外のニコラス・フィールドを攻撃する計画を立てたが、この二大航空基地への攻撃は、台湾南部（高雄、台南、東港）の海軍基地から、「いずれも四五〇浬《カイリ》、マニラ近郊のニコルスフィールドまでは約五〇〇浬の距離にあった」

支那事変での奥地攻撃のときには、漢口から重慶までの飛行距離が「四〇五浬であったが、この場合は、宜昌という前進基地があって、ここでガソリンの補給をうけ、整備をし、休息をとりうる利便があった。また宜昌から成都までも同じく約四〇〇浬であった。

したがって、台湾からこれらの比島の各基地まで一挙に渡洋するということは、掩護戦闘機の進出距離としては、まったく画期的なことであった」

しかも、「真珠湾攻撃開始後に行動を起こさなければならない。真珠湾奇襲の報を受け、手ぐすねひいて待ちかまえているアメリカ空軍と空戦することになり、空戦は長びく恐れがある。

こういうもろもろの問題を乗り越えるだけの航続性能を発揮できなければ、たとえ攻撃自体は成功しても、帰りに飛行機もろとも搭乗員まで失う危険があった。

つまり、この作戦の成否は、掩護戦闘機である零戦の航続性能いかんにかかっていたのである。逆に言えば、長大な航続力をもつ零戦なしには」、この作戦も不可能だったと言えるのである。

当初の計画では、零戦隊と攻撃隊は「十二月八日午前二時三十分に基地を発進し、日の出直後の七時三十分に両飛行場を一挙に急襲することになっていた」が、「台湾南部は七日の深夜から濃霧が発生し、晴れる気配がない」ため、零戦隊と攻撃隊の発進は、やむをえず「〇五〇〇以後二時間待機」となって霧が晴れるのを待つことになった。このため攻撃目標の飛行場も、クラーク・フィールドとイバの二つに集中されることになった。

昭和十六年九月に、中国の漢口基地から鹿屋基地を経て、台湾南部の高雄基地に前進していた第十一航空艦隊第三航空隊飛行隊長の横山大尉は約一ヵ月の間、いわゆる火の出るような猛訓練を続けていた。「とうじ、戦闘機のパイロットの月間飛行時間が、三十時間前後であったのに」対して、第三航空隊は「毎月、各自が一〇〇時間を突破する訓練時間をもったことでも、そのはげしさの一端がわかる」であろう。

昭和十六年十二月八日の朝がやってきた。午前三時半に起床した横山大尉が飛行場の指揮所に出かけると、台湾南端のガランピ岬方面は天候良好ではあるが、台南と高雄の二つの基地付近は、一面が密雲と濃霧で覆われていた。

午前十時五十五分、横山大尉が率いる零戦五十三機は、「やっと晴れあがった高雄飛行場から、つぎつぎに、編隊離陸を開始していった」が、「この進撃の途中、二機は機体、機関銃の故障のために残念ながら引返した。

右はるかに、入佐少佐の指揮する中攻隊の大編隊が、これまた開戦第一撃の晴れ姿を誇るように、どうどうと進撃してゆく。めざすは比島空軍の根拠地イバ、クラーク・フィールドの両飛行場である」

午後一時四十分頃、横山大尉は、イバ上空に突入した。ときに高度六千メートルであった。横山大尉は零戦隊にバンクをふって、戦闘開始を下命した。

このときのフィリピン攻撃について、横山大尉は、その著書で次のように回想しているので引用しよう。

『各隊は、やや開散の陣形をとってわれにつづいている。イバ上空を、大きく一回りして敵機を求めた。だが、空中に敵機の姿は見当たらない。われわれが目標に突入する前に、敵はすでに戦闘の下令があったはずだ。この強襲に、われわれを邀撃することは、とうぜん考えられるところである。まだまだ油断はできない。われわれは、じゅうぶんに捜索して敵影のないことを完全に確認してから、二大目標のクラーク・フィールドに突入した。ここで初めて敵機を発見した。Ｐ40、Ｐ35らしいものが十数機、四千メートルぐらいの高度で上空を哨戒している。「全軍突撃せよ」と下命する。私は真っ先にバンクをふりながら敵機に切り込んでいった。大陸戦線における戦闘で十分の経験を持っている。わが方は優位だ。しかし、優位だからといって、二三方から急激に突っ込むと、過速となり、かえって戦闘は難しくなり、射撃ができなくなってしまうのだ。

十分な間合いをとり、敵の前程を押さえるように接敵する。部下たちの技量は十分に信頼できる。第二、第三大隊も戦闘にはいる。第一大隊は支援警戒に任じながら、他の敵機の捜索をはじめる。

いままでは、中国空軍にしか与えられなかったわが零戦の威力を、今日こそは比島空軍、いな米空軍にも思いしらせてやるぞ！　敵の戦闘機に喰いついていった。これからは、彼我入り乱れての格闘戦となる。まず敵の一機が、わが二〇ミリ機関銃の命中で片翼を吹きとばされ、バラバラになって落ちていった。格闘戦はお手のもの、まもなく敵機の大部は撃墜され、やっと逃れた二、三機の姿は、もうどこにも見られなくなった。

空中に敵機のいなくなったのを見て、こんどは、低空にさがり、零戦隊とくいの銃撃戦にはいった。すでに中攻隊の大爆撃をうけて、飛行場は煙幕におおわれた、黒い煙がもうもうとあがっている。われわれは、それぞれの隊ごとに、単縦陣となり、二方から突撃に入った。もうもうたる煙を縫うようにして、まだ破壊されていない飛行機を見つけては射弾を浴びせる。気のせいか、きな臭いにおいが鼻をついた。われわれは、一機、一機とたんねんに探しては銃撃炎上させていた。地上から打ち上げてくる銃砲火もものともしない。約二十機の大型、中型、小型機を炎上させ、その数機を大破させた。まだ燃料庫らしい建物が燃えていなかったので、これも銃撃した。二十ミリ弾が撃ち込まれた瞬間、爆発と同時に黒煙が天に冲する勢いで炎上した。私は危うくこの炎をうけるところだった。

昼間の強襲である。物足りない敵の反撃を、意外と思いながら、この大戦果をみやげに、われわれは、意気ようようと高雄基地にむかって帰途についた』

坂井三郎

このとき、もう一方の台南基地から出撃した坂井三郎氏も、その著書で、このフィリピン攻撃の状況について、次のように回想している。

「戦友に起こされて、私は目をさました。夜明けにはまだ程遠かったが、思ったよりよく眠ったらしく頭が冴えていた。昭和十六年十二月八日の午前二時、われながらいくぶん緊張しているからだに、冬の寒気がしみこんでくる。昨夜から用意しておいた真新しい下着にとりかえ、洗顔もそこそこに、戦友たちと飛行場指揮所へ向かった。……発進は午前四時の予定だった。

ところが、時計の針が三時を過ぎた頃、ふと気がついたのだが、いつのまに忍びよったのか、薄い乳色の霧が飛行場をつつみはじめていた。……霧はいっこうに晴れる気配もない。五時……六時……七時と時間がむなしく経過していく。ついに〝黎明を期してマニラ突入〟の時刻は遠く過ぎ去り、夜はまったく明け放たれてしまった。

このとき、突然、指揮所から、まったく思いがけない情報が発表された。

『今暁六時、味方機動部隊は、ハワイ奇襲に成功せり……』

一瞬、身内のひきしまるような感動が全員を支配した。とみるまに風のような動揺が起こり、やがてワーッという喚声にかわった。〝血湧き肉おどる〟というのは、このような気持ちをいうのであろうが、われわれ搭乗員の間には、このとき同時にまた反対の気持ちが動いたのも事実であった。

もちろん味方の成功が嬉しくなかったわけではなかったのだが、それはそれとしても、われこそは一番槍と信じていた誇りを、無残に打ち砕かれた失望と、してやられたという忿懣――そういう気持ちが、だれもかれもを不機嫌にしてしまったのだ。

……九時をすぎたころになって、さしもの霧も、高く昇る太陽とともに次第に消えはじめた。

指揮所からは、あらためて『十時発進』が発令された。われわれは待ちかねたように愛機に向かっていた。

……轟々《ごうごう》たるエンジン始動の爆音が、たちまちにして全飛行場をおおった。十時きっかりに、まず五十四機の爆撃隊が離陸を開始した。……十時四十五分、四十五機のわが零戦隊は、全機離陸を終わり、優速を利して、先発した陸攻隊を追う。すぐに視界にはいってくる高雄基地では、すでに発進を終わったのであろう、地上には一つの機影も見えない。

新郷英城《しんごうえいじょう》大尉を指揮官とするわが制空隊二十一機（零戦四十五機中二十一機が制空隊、他は陸攻隊の直掩）は、爆撃隊に先行して、爆撃十分前に目標クラーク・フィールド基地上空六千メートルに達し、敵の邀撃戦闘機があれば、これを一掃するのが任務だった。だからわれわれは、ぐんぐん本隊を抜いて先行した。

……すでに、目標突入予定時刻の二十分前——十三時十五分である。酸素マスクをつける。そして、敵戦闘機の邀撃にそなえて、各中隊、小隊と順を追って整然と距離をひらき、高度を七千メートルに上げて、予定の戦闘隊形をとる。

十三時三十五分、ついにクラーク・フィールド上空に突入した。……十三時四十五分、予定の時刻に寸分もたがわず、零戦にまもられた一式陸攻二十七機の大編隊が、西方海上から高度六千メートルで堂々と進入してきた。爆撃隊は、すでに爆撃針路にはいっている。

私も一方の目で、敵戦闘機の行動をにらみながら、もう片一方の目では、爆撃隊の投弾を待つように、いそがしく眼球をうごかす。すでに投弾されたのかどうか、陸攻隊の上空におおかぶさったわれわれにはわからない。命中を祈るのみだ。

陸攻隊は、クラーク・フィールド飛行場の上空にさしかかった。その瞬間、飛行場全体がパッと褐色の絨毯をおおいかぶせられたように見えた。

全弾命中！　ああこの日のために、この一瞬のために……私は思わず機上で瞑目した。涙の溢れ出てくるのを禁じ得ない。

……クラーク・フィールド飛行場は、いまや、もうもうたる黒煙におおわれている。……太陽を背にして数個の黒点が見える。敵もさるもの、味方の全機が地上掃射にはいるのを待って撃ちとらんとする計略である。

まさに味方の危急！　私は銃撃中止を列機に知らせ、大きく左に旋回して、スロットル・レバーを全開にし、速力を増しつつ反撃の機をうかがった。

……敵はさっきのＰ‐40が五機である。

日本の零戦とＰ‐40の初めての対戦である。……敵は、ひらりと大きく左バンクして垂直旋回で逃れようとした。そのために敵機の腹が、私の目の前にさらけだされた。これでは撃ち落として下さいといわんばかりである。

私は、敵機が腹を見せた瞬間を的確にとらえて、左前方へ、操縦桿と左フットバーを極度に利かして、機首をぐいっとねじこんだ。

このため敵機とのあいだに、約二百メートルの高度差がついてしまった。敵機との同方向旋回、しかも敵の後下方、これはもう私の絶対優位である。敵は尻に喰いついている私を確認するために、なおも左急旋回をつづけている。これが大変むりな操作である。その証拠には、翼が左右にビクビクと交互に急激に傾いて、まったく自転の寸前である。

絶好のチャンス！　私は機首を下げて、増大した気速にものをいわせて、一挙に高度差二百メートルを左旋回で回復すると、まったく絶対優位の追尾の態勢となった。

零戦の軽快で柔軟な旋回性能は、難なくP-40を追いつめ、すでに距離四十メートル。敵機は照準器から大きくはみだしている。まったくの直接照準で、私は敵の腋の下に槍を突っ込むような気合いで、両翼の二十ミリと座席の七・七ミリを、この一撃とばかりに撃ち込んだ。

一瞬にして敵機の風防がふっとび、機体は大きく左へ一転し、急速な錐揉み状態となって、煙も見せずに断雲をつらぬいて落ちていった。（この敵機が地上に激突するのを、本田三飛曹が確認してくれた）

この空戦は、時間にして二分たらずのはかないものであったが、これが私の、米軍機を相手にした最初の空戦であった。

こうして私が、列機をまとめてふたたびクラーク・フィールドへ引きかえすころには、すでに開戦第一日の第一撃を終了した各隊が思い思いにまとまって、集合地点であるクラーク・フィールド北方三十浬、高度四千メートルの空域へ、味方識別のバンクも軽やかに帰っていくところであった。

……ところが、この日、邀撃に上がった敵の戦闘機の数が意外に少なかったのは、つぎのような事情であったことが、後日にいたって判明した。

在比島の米戦闘機は、日本の機動部隊がハワイを攻撃したという報告に驚いて、とうぜん予想される台湾からのわが空襲部隊を邀撃すべく、もちろんいち早く飛び上がっていたのである。ところが、日本の空襲部隊は待てど暮らせど現れない。しびれをきらした邀撃部隊は、ついに燃料もつきて、その補給のために、大部分の戦闘機が飛行場に着陸していた。そして一方、大型機は台湾空襲の準備をちゃくちゃくと進めていたのである。

そこへ、突如、日本の大編隊が来襲してきたのである。そのため敵機の大部分は、地上において全滅するという悲運にあったのだ。

どうしてこういうことになったかというと、われわれが霧のために発進がおくれたのが、かえって幸いしたのである。

この日、わが零戦隊の戦果は、敵戦闘機の撃墜十三機(うち四機は不確実)、炎上三十五機(大型機Ｂ‐17「空の要塞」）、燃料車一台、ドラム罐二百個であり、これに対して、わが方は、自爆五機（戦死五）、軽傷一、被弾高角砲弾片二十八発、機銃弾二発という軽微な損害であった」

十二月十日の第二撃出陣のときには、「ニコルスフィールド上空で、横山大尉の率いる零戦隊三十四機は、二倍ちかい数のＰ‐40、Ｐ‐36と四十分以上におよぶ激しい格闘戦を展開し、四十四機の米戦闘機を撃墜、損害は零戦一機だけだった。もはや、Ｐ‐40、Ｐ‐36は、たとえ二倍、三倍の数で対抗したとしても、まったく零戦の敵ではなかった」

また、この日には、前出の「坂井三郎小隊が、ルソン島の西岸ビガン沖で、高度八千メートルを飛行するＢ‐17一機を発見し、これに二十ミリ機銃の集中砲火を浴びせて撃墜」しているが、「戦後発表された米軍の記録によれば、じつはこれがヨーロッパ戦線も含めてＢ‐17の撃墜第一号だったのである。

このＢ‐17は、〝空の要塞〟の異名をもつ米陸軍の大型爆撃機で、零戦と対決する以前は、どんな戦闘機も寄せつけず、ヨーロッパ戦線をわがもの顔に荒し回っていた。約一千四百キロと推定される行動半径をもち、自動洩れ止め《セルフ・シーリング》タンクと死角の少ない防御銃火、大きな搭載量を武器に、勇敢で執拗な行動を続けていた。このころ、零戦を先頭とする海軍航空部隊の前に現われたアメリカ側の唯一のホープがこれだった。しかし、坂井兵曹長がＢ‐17を撃墜したのをはじめとして、零戦の老練なパイロットたちは、防御砲火のわずかの死角を縫って十分に近づき、操縦者を狙うか、タンクに多くの弾丸を撃ちこむか、また多くの零戦でこれをかこみ満身創痍にすることによって、かなりの数のB-17を撃墜している。

このフィリピン進攻により、零戦は片途《かたみち》九百三十キロにおよぶ洋上を往復し、昭和十五年に中国戦線でちらりと片鱗を見せた、その長大な航続力を、世界に示すと同時に、敵戦闘機や爆撃機をかんたんに撃墜できるたぐいなき空戦性能をはっきりと示したのであった」

長い航続距離を持った零戦は、敵の飛行機が味方の陣地に届く前に、敵の陣地に殺到して攻撃できるわけであるが、このことは、「航続力に大きな差があれば、敵の飛行機は基地を前進させない限り、味方陣地を攻撃することはできない」ことを意味する。

これがアウトレンジ戦法というもので、その最初の証明が零戦の初陣となった漢口から重慶への爆撃隊掩護だったわけである。この長い航続距離を持った「零戦のみごとな先導で成功したフィリピン占領以来、陸海軍の地上部隊は、南へ南へと進出し、それにともなって、海軍航空隊の基地も、つぎつぎに南に移動した。とくに、台南航空隊の二十四機の零戦隊は、二千二百キロを翔破して、フィリピンの西南スル列島中のホロ島基地へ進出した。これもまた、単発単座戦闘機の編隊行動としては、破天荒の離れ業だった。

これ以後も、日本軍は、破竹の勢いで進撃を続け、昭和十七年の一月にソロモン群島のニューブリテン島、ニューアイルランド島に上陸、また二月には、ボルネオ本島を占領した」

そして、南方作戦の最大のハイライトである南方資源地帯のジャワ島のバタビヤに上陸を敢行するため、日本陸軍部隊の第十六軍（司令官今村均中将）は三月一日から九日にかけて、ジャワ攻略戦を本格的に展開するわけであるが、そこに至るまでの間に日本軍は、次のような蘭印作戦を展開した。

昭和十七年一月十一日の「オランダ領ボルネオのタラカン占領を皮切りに、二十五日にはバリクパパンを占領、続いてジャワ海を挟んで東部ジャワと対峙するボルネオ最南端の要衝バンジェルマシンを占領する。同時に海軍陸戦隊は一月十一日に、セレベス島のマナドに空挺部隊を送り、日本軍初の落下傘降下作戦を敢行、さらに南下してバリクパパン占領と同じ日の二十五日、セレベスの要衝ケンダリーを占領した。

バリクパパンとケンダリーには日本軍の戦略基地として重要な飛行場と艦隊泊地がある。南方部隊航空隊は、この両要衝の占領と同時に進出して基地の構築を急いだ。そして海軍の南方部隊指揮官近藤信竹中将は、連合軍の補給基地・オーストラリアのポートダーウィンとジャワ南方海域の敵兵力一掃のため、機動部隊の南方方面への投入を連合艦隊に要請した」

こうして前年に、米太平洋艦隊の本拠地であるハワイの真珠湾を攻撃した南雲機動部隊の『南進も決定し、南方部隊の蘭印方面第三期作戦が開始される。まず一月三十一日にはセレベス島とニューギニアの間にあるセラム島のアンボンへの攻略作戦を開始、そして陸海軍協力のもとに二月七日までにこの地を攻略し、続いてマカッサルを攻略する。そのため南方部隊航空隊は、スラバヤ方面の敵航空兵力撃滅作戦を実施するというものである。

この航空作戦は「Z作戦」と名付けられ、その主力は塚原二四三《にしぞう》中将の第十一航空艦隊であった。当時、第十一航艦の各部隊は、第二十一航空戦隊を中心とする第一空襲部隊がバリクパパンに展開していた』

そして、二月三日に、「Z作戦」が遂に実施されるわけであるが、この日、ケンダリーとバリクパパン基地を発進した零戦隊と攻撃隊は、予定通りに東部ジャワのスラバヤ、マジュン、マランの各飛行場を攻撃したが、この攻撃は完全な奇襲となり、攻撃隊は「各飛行場や港湾施設、地上に駐機中の飛行機などを徹底爆撃し、壊滅状態に追い込んだ」

このとき、攻撃隊とともに八百数十キロの海をわたって遠征してきた零戦隊も、フィリピン進攻以来、ひさびさの大空戦を展開して、「P‐40、P‐36、ブルースター・バッファローなどからなる百機近い戦闘機を相手にして、五十機を撃墜、損害は三機だけという大戦果をあげた。P‐40、P‐36についてはさきに述べたが、このバッファローも、これらと大同小異であり、零戦にとっては、まるで赤子の手をひねるような相手であった」

この日の深夜、「第十一航空艦隊司令長官塚原中将は戦果を報告した。撃墜または炎上確実六十二機、成果不確実（銃撃大破及び撃墜不確実）二十三〜二十四機、合計八十五機というものだった。損害は自爆零戦一機、未帰還零戦三機、陸偵一機の合計五機であった」

また「三月上旬のジャワ作戦終了までの海軍の南方基地航空部隊による総合成果は、撃墜、撃破確実のもの五百六十五機、うち零戦によるもの四百七十一機にいたった」

このように、日本海軍航空隊によるハワイ作戦と南方作戦の実施は、航続距離の長い零戦があって初めて可能であったことはまぎれもない事実なのである。

では、このような零戦の航続能力というのは、単に燃料タンクの数を増やしただけによるものだろうか。実は、零戦の長い航続距離は、単に零戦の性能によるものだけでなく、次のような飛行時間を延ばすための零戦搭乗員たちによる血みどろな燃費との戦いがあったのである。

零戦搭乗員たちの血みどろな燃費との戦い

「昭和十六年七月ごろ、台湾の台南や、高雄の海軍航空基地で、戦闘機パイロットたちが顔をあわせると、かならずかわす口ぐせのような会話が」あった。

「今日は何リッターだった?」

「オレのは八五リッターだった。新記録だろう」

「たいしたもんだなー、三番機で八五リッターというのは驚異的な記録だよ」

前出の野村氏によれば、この二人のパイロットの会話に出てくる「八五リッターというのは、その日、自分の乗った零戦の一時間あたりのガソリン消費量である。零戦の燃料満載量は約八〇〇リッターだったから、これならはるかに一五〇〇カイリ以上飛べるということをしめしている。

燃料消費などというものは、相手が機械だから、だれがやろうがおなじはずだくらいに考えられがちだが、これがあんがいそうではなく、上手と下手ではものすごく違うのである。一般にリーダーの乗っている飛行機より、列機のほうが燃費が多くなる。列機はリーダーから一定の位置を保持するために、スロットルをしょっちゅう調整しなければならないし、舵をつねに操作しなければならない、これはいずれも燃費が多くなる原因である。燃費の多寡は、直接操縦技倆に比例する。もちろん燃費のすくないほうが操縦がうまいということになる。

また、編隊で行動する場合、一番燃料消費量の多い機の航続距離を、標準にしなければならないのはとうぜんだから、三番機の航続距離が、その編隊の航続距離となるのである。

このころ、これら戦闘機パイロットたちは、いまだ戦争のことはなにも知らされてなかった。毎日毎日、零戦で何カイリ飛べるかという、燃費試験ばかりをやらされていたのであった。おそらく支那奥地の攻撃に行くのかも知れないなどと考えていた」が、これが大東亜戦争のための重要な訓練の一つだったわけである。

つまり、「燃費九〇リッター以下のパイロットが何名でき上がるか。これによって、きたるべきマニラ空襲部隊に、戦闘機が何機参加できるかがきまるのである。最小限一〇〇名はほしい。これが航空艦隊司令部の秘中の秘ともいうべき胸のうちだった」のである。「約三ヵ月にわたって、このじみな、しかし血のにじむような、燃費のすくないパイロットの数をそろえること」、これが大東亜戦争で零戦が最初に越えなければならないハードルだったのである。

こうして、「この燃費との戦いに、みごとに勝った零戦隊は、戦闘機によって四〇〇カイリも進出するという、世界史上いまだかつてない壮挙を完遂したのである」

この燃費との戦いについては、高雄基地から出撃した横山保大尉も回想録で、次のように述べている。

「われわれ戦闘機隊に課せられた任務の第一は、フィリピン、南西方面の制空権の獲得であり、まず開戦へき頭における在フィリピンの敵空軍に対する航空撃滅戦であった。

しかし、作戦には二つの大きな問題点があった。その一つは、攻撃地点と高雄基地との距離が、五〇〇海里以上もあり、しかもその大部分が洋上を飛ぶことであった。

その第二は、ハワイと台湾では五時間以上の時差があり、状況いかんによっては、開戦後、数時間をしてから、ようやくわれわれが目的地に到達することであった。こうなれば、すでに相手の戦闘準備も十分にできあがっていることだろうし、われわれの第一撃も強襲となるか、ぎゃくに、わが方が相手より夜襲されるかもしれない、という心配もあった。

もし、相手が、開戦後ただちに反撃してくるとすれば、われわれは発進前に地上において、叩かれることになるおそれが多分にあった。

以上のようなことから、われわれの訓練目標も、自然、つぎのことを重点において訓練することになった。すなわち、航続距離をいかにのばすかということであり、また、その航法訓練であった。

つまり、片道五〇〇海里以上を飛行して、目的地の上空で三十分間の空中戦闘を実施して、また帰ってくるということで、このような通常の空中戦闘を実施した場合の燃料消費は、巡航時の約三倍を必要とするのがふつうであった。

そこでわれわれは、この難関を突破するために、いかにして往復の巡航時に最小限の燃料消費量をおさえて、航続距離をのばすか。またどうじに、なにも目標のない海上を長時間にわたって飛びつづけて、はたして帰ってこられるか、という難問に対して猛訓練をかさねたのである。

そして、その成果は期待以上にあげることができた。十時間以上の飛行にも成功したし、燃料消費量を毎時六十七リットルにおさえる自信も生まれてきたのである」

一方、台南基地から出撃した坂井三郎氏も、その著書で次のように回想している。

「いざ日米開戦となれば、わが台南航空隊をはじめとして、高雄その他の台湾の各地に配置された海軍航空部隊の攻撃目標が、比島北部の敵の主要な航空基地に向けられることは明らかなところであった。

しかし、ルソン島中央部のクラークフィールドと、ルソン島の中部西岸のイバという二大航空基地までは、いずれも四五〇浬、マニラ近郊のニコルスフィールドまでは約五〇〇浬の距離にあった。

日華事変の奥地攻撃における漢口 - 重慶間の距離は四〇五浬であったが、しかし、この場合は宜昌という前進基地があって、ここでガソリンの補給をうけ、整備をし、休息をとりうる利便があった。また宜昌から成都までも同じく約四〇〇浬であった。

したがって、台湾からこれらの比島の各基地まで一挙に渡洋するということは、掩護戦闘機の進出距離としては、まったく画期的なことであった。

そこで司令部としても、また近く大作戦があるような気配をうすうす感づいていたわれわれとしても、最も心配したのは、零戦が果たしてこのような長い距離を飛べるかどうかということであった。いって帰るだけのことなら、計算上かならずしも不可能ではない。しかし、この遠征には、かならず空戦がともなうことを予期しなければならない。空戦時のガソリンの消費量は莫大である。これを計算に入れなければならない。

そういう点をあれこれ考えて、司令部としては、陸上航空部隊の零戦を、いったん航空母艦に収容し、比島至近の海域まで運んで発進させる計画を、一応はたててみたのである。ところが予定された空母は、日本海軍でも一番小さいものが三隻だけであった。

(大型空母はすべて真珠湾攻撃に参加したことを、私は後で知った)

そのうえ空母を使うためには、陸上部隊の零戦にはあまり縁のない着艦訓練をみっちりやる必要がある。この訓練をやって、せっかく空母に搭載しても、同時に発艦できる機数は、三艦合わせて約三十機ぐらいで、予定していた零戦の半数にすぎない。とすれば、少々の無理があっても空母を使わない方がいいという空気が濃くなってきた。

こうなると、すぐさまわれわれに要求されることは、いかにして燃料を節約して、台湾から直接作戦にうつるかということである。一滴たりともむだな消費は惜しいのである。そこで大編隊飛行による燃料消費試験が行われた。

編隊が多くなればなるほど、隊形をととのえるのに少数機のときより余分の燃料がいるからである。これは空中戦闘の訓練以上に真剣に、繰りかえして行われた。

……私のつくった毎時六十七リットルという記録が、全飛行機隊中もっともすぐれていた。最高が九十リットル、平均で八十~八十五リットルと計算されたのである。

しかし、零戦の燃料搭載は八百リットルであり、空中戦中の全速時消費量は巡航時の四倍以上という驚くべき消費であり、また出発の試運転や、待ち合わせに要する消費量や、大編隊を組むために要する空中での消費のことを考えると、単機の場合とはまったくちがった、いらだたしいほどの消費がふくまれており、この渡洋作戦準備訓練において、われわれが行った燃料消費節約に対する努力と研究は、空戦以上のものがあったといえる。そして、この試験の結果に得られた好成績は、基地航空部隊（第十一航空艦隊）司令長官塚原二四三中将をはじめとして全部隊に大きな自信を抱かせた。もはやわれわれにとって、空母は不要であった」

大東亜戦争で零戦が果たした戦略的な役割

以上のように、搭乗員たちの不断の努力によって燃費の節約に成功した零戦隊は昭和十六年十二月八日に、台湾南部の基地から四五〇カイリ（約八百三十キロ）も離れたフィリピンの二大航空基地まで飛び、第一撃で米極東空軍の三分の一以上にあたる約六十機を撃滅または使用不能にするという大戦果をあげたのである。

しかも、零戦がフィリピンまで飛んできたことで、米軍は、日本軍の空母が南シナ海にいるはずだという誤った判断をすることになった。このため米軍は、残り少ない航空兵力をさいて、わざわざ南シナ海の洋上索敵に使う結果となり、これによって、日本海軍航空部隊のその後の作戦を容易ならしめたのである。

言い換えれば、このことは、「空襲による直接的な戦果よりも、作戦上さらに重大な意味をもつものであった」と言えるだろう。

この「大東亜戦争で零戦が果たした戦略的な役割」について、前出の野村氏は回想録で、次のように述べている。

「当時、世界の一流戦闘機の、空戦を予期する行動半径は約二百カイリだった。マニラと台湾の距離は約五百カイリである。したがって、この距離を飛んで、しかも爆撃機隊を掩護できる戦闘機は、日本海軍の零式艦上戦闘機をおいて、世界中、他のいずれの国にもなかったのである。常識を二倍以上に引き離した航続距離を持つ戦闘機があったこと、これが日本軍にとって、大変おおきな役割を果たすことになったのである。

零戦を持っていた大本営は、マッカーサーのごとく、迷う必要がなかった。はじめから、台湾基地からのマニラ空襲を計画し、常に五百カイリ半径の距離で蛙飛び《リープフロッグ》作戦をやることができて、約三ヵ月という超短期間に、広漠たる南方資源地帯全域を、ＡＢＤＡ四国軍兵力を全滅させて占領するという、世紀の電撃作戦に成功することができたのだ。

太平洋戦争は、零戦がなかったら計画も成り立たなかった、といっては過言だろうか。私は零戦の戦略的価値は、こんなにも大きかったのだといいたいのだ。

米比軍は、わずか三回の航空攻撃で、ほとんど全滅させられてしまった。

この結果、日本軍爆撃隊の爆撃技量がすぐれていたからだとか、零戦装備の二十ミリ機銃の、威力ある地上掃射が功を奏し、敵機をすべて地上で炎上撃破せしめたからだ、などというのは、いずれも戦術的な考察にすぎない。

当時、米軍首脳部は、まだ日本海軍の零戦の真価を知らなかった。真珠湾の奇襲を知って、まず考えたことは、比島へも日本の母艦部隊がやってくるかも知れないということであったらしい。というのには、確たる証拠がある。米空軍戦史に、このような事態（日米開戦を指す）に処する場合の極東空軍の作戦計画は、日本の比島進攻に際して、当然、その集結点たるべき台湾に対する航空攻撃であった、と書かれている。それにもかかわらず、米軍首脳部は、ただちに台湾攻撃をしようともせずに、付近海面の洋上索敵を実施している。

この意味は、マニラに空襲してくる日本航空部隊は台湾基地からでなくて、母艦からであると判断していた証拠にほかならない。

日本海軍の母艦の数から考えて、この判断は頭から誤りであるとはいいきれないが、この判断のもととなったいま一つの考え方、つまり日本の航空部隊は、台湾基地からはやって来ないだろうという考え方の中には、台湾基地からやってくることのできる戦闘機はないだろう、という条件が、かならずあったはずである。

この条件こそ、米軍首脳部をして、取り返しのつかない戦略的誤判断におとしいらせた、重大な因子なのである。

敵はこの戦略的誤判断にもとづいて、台湾攻撃可能の兵力たるB17を、日本の母艦の攻撃を回避するために無駄に空中退避させ、一部を不馴れな洋上索敵に振り向けたのである。彼らは、何もいない海面をうろついて、いたずらに燃料を空費し、搭乗員たちは、ヘトヘトに疲れて、基地に帰って来たにすぎなかった。

それだけですめば、まだたいしたことではなかったが、彼らが燃料補給をやっているときに、日本空軍の大編隊群が、彼らの基地上空に突入し、十分な防空戦闘機の邀撃もなかったために、きわめて正確な爆撃をうけ、アッというまにぜんぶ、地上で炎上撃破されてしまったのである。日本海軍航空隊の十二月九日に行われたニコラス・フィールドに対する第二撃も、前に劣らぬ大戦果を挙げている。前日、マニラ付近まで単座戦闘機がやって来て、爆撃隊の援護に当たったのみならず、地上掃射までやったことは、米軍首脳の戦略的誤判断、すなわち付近海面に敵空母ありという考えを、さらに強める結果となって、遅まきながら台湾攻撃を計画しながら、写真偵察がすむまでは、などとゆっくりかまえている間に、またもや、してやられたのである。

もしこれらの場合、米軍首脳が零戦の性能をよく知っていて、マニラへは空母からと同様、台湾基地からも日本軍航空部隊が来襲する可能性あり、と正しく判断していたら、どうなっていただろう。

おそらく海正面の索敵などは、それを専門としていた米海軍の飛行艇隊を主力とする第十哨戒飛行隊に任せ、米極東軍の作戦計画どおり、重爆機隊は台湾空襲に、戦闘機隊は所定地域上空の防空邀撃作戦に、軽爆隊は地上作戦の協力にと、総数二百六十三機が、海陸両正面より来る日本軍航空部隊を、手ぐすね引いて待ちうけていたことだろう。

奇蹟とまでいわれる比島航空戦の成果は、わが軍の戦術的成功というより、米軍の戦略誤判断による敗北という方が正しいだろう。マニラ空襲は、真珠湾と比島の地球の時差にもとづいて、同時に同様の戦術奇襲を行うことは、本質的に不可能だった。それが極東米軍の戦略的誤判断によって、一種の戦略的奇襲に成功したわけである。

ここに零戦が果たした、大きな役割を見てとらねばなるまい」

この中で野村氏は、米軍首脳部は、マニラに空襲した零戦隊が台湾基地からではなく、母艦から発進してきたという戦略的誤判断を犯したことで、マニラに対する奇襲攻撃に成功できたと述べているが、このことを裏付けるものとして、坂井三郎氏は回想録で、次のような米軍のカーツ准将との回顧談について述べている。

「終戦直後、アメリカ軍のカーツ准将と、回顧談に一夜の花をさかせたとき、どうしても信じてもらえなかったことがあった。

開戦時、マニラを襲った零戦隊は、空母から発進したにちがいない、というのである。四五〇マイルも飛翔してきて、空戦をまじえ、また台湾基地にかえるとは、およびもつかないことだったのだろう。

それとバリックパパンからスラバヤを空襲した二件は、どんなに説明しても信じないのだ。単座戦闘機は足がないとは世界航空界の通念であった。だからだ。

もし進出しても、途中まで母艦が出迎えるのが常道だったからある。

そんな遠距離、しかも海の上を往復するのに、航法は困難でなかったか、零戦隊はよほど優れた航法計器を使っていたのではないかと説明を求められたが、海図だけをたよりの独特の方法だったというと、ますますふしぎそうな顔で私をみつめるのであった」

この他に、野村氏は、「大東亜戦争で零戦が果たした戦略的役割」について、次のようにも述べている。

「……そのころ、航空作戦は、敵の艦艇に対するもの以外、爆撃機の必要はなかった。零戦六ないし九機という一隊が、完全な戦術単位としてジャワ、スンダ列島、遠くは豪州北西岸のブルームあたりまで荒らしまわり、短時日のうちに制空権を確保してしまったのである。

開戦前の研究によると、ジャワ作戦を開始するころは、わが軍の航空兵力は、開戦当初の約六十パーセントに減っている予定だった。これは、作戦中の損耗と、その期間中の、新機材の生産補給を考慮した数字である。

実際の場合、その減耗率は零戦のおかげで想像以上に低く、たしか十パーセント以下だった。すなわち、開戦当初の約九十パーセントの兵力を維持していたのである。しかし、作戦正面は物凄く拡大し、単位正面に対する航空兵力量は、開戦当時の十分の一くらいになっていて、ジャワ作戦で、ジャワの西半分の地域で稼働している零戦は、せいぜい三十機くらいのものだった。ともあれ、南方資源地域を征服するまでの日本軍は、零戦のおかげで、実力以上の力を認められたことは事実であって、その成功の大半は、零戦に負うところ大なりと私は信じている。……太平洋戦争において、零戦が果たした役割、それは主役以上のものであって、太平洋戦争は、またの名を零式艦上戦闘機によって戦われたる戦争と名づけてもよいと、私は思っている」

一方、前出の奥宮正武氏も回想録で、「大東亜戦争で零戦が果たした戦略的な役割」について、次のように述べている。

「あばれまわる零戦に対抗する米軍機は、一機もルソン島にはのこっていなかった。

十二月八、九、十日の三日間で、ルソン島にたいする航空作戦はおわった。第四日の十二月十一日までに、われわれは、米軍の航空反撃の可能性はないと判断した。三日間で零戦は、この戦域での絶対的制空権を確保してくれた。

……一九四一年十二月のどの作戦でも、日本軍は迅速に、数的にも質的にも、優越性を占めることができた。太平洋やアジアの戦域が地理的に孤立していたおかげで、米側は迅速に増援できず日本軍は迅速果敢な攻撃で、各戦域で制空権を獲得したばかりでなく、地上での優位を保持できたのであった。

戦争当初の数日間の攻撃で、米軍機はフィリピンの空からまったく姿を消した。日本軍は機を逸せず、戦果の拡大につとめた。十二月二十五日、日本機動部隊はスル海の南部、ホロ島の海岸に殺到し、飛行場を占領した。制空権を確保するために、台南航空隊の二十四機の零戦は、二二〇〇キロという無着陸大編隊で、ここに派遣された。

日本軍戦闘機が、のこっている米軍機を空から追いはらうのは、大して困難なことではなかった。

一九四二年〔昭和十七年〕三月はじめまでに、日本海軍の陸上基地航空部隊は、南太平洋の諸島に上陸していた。

蘭領東インド全域は、はやくも日本航空部隊の制空権下にはいった、台南航空隊は、ホロ島からタラカン、バリックパパン、パンジェルマシンをへて蘭領東インドのバリ島へ、第三航空隊はフィリピンのダバオ、セレベスのメナド、ケンダリーへ、それから二群にわかれて第一群は、マカッサルをへてバリ島に、第二群はアンボイナをへてチモール島のジリーに前進した。

塚原長官の指揮のもとに、南部太平洋地区の海軍の陸上基地航空部隊は、十二月八日からジャワ作戦終了までに、合計五六五機の連合軍機を空中戦で撃墜、または地上で破壊した。この数のうち零戦の戦果は四七一機、つまり八三パーセントをしめている。

零戦の威力については、この戦争の初め一ヵ月の全作戦中、陸上基地あるいは空母からの零戦による敵の損害が六五パーセントをしめていることをみれば判断できるだろう。この成果は、日本軍の作戦の成功に、直接に貢献したものである。もし、日本の戦闘機が、零戦よりもおとった性能のものであったならば、パールハーバーで、またフィリピンや蘭領東インドで、陸、海、空での勝利をかちとることはできなかったであろう。日本軍の全戦略は、この飛行機の成功にかかっていた」

大東亜戦争で零戦があげた戦果

奥宮氏が、その著書で「もし、零戦が、当初から、防御を重視して作られていたら、高速や長大な航続力が得られず、第一段作戦のような見事な戦果をあげることはできなかったであろう」と述べているように、防御よりも軽量化を目指したことによって、零戦になみはずれた航続能力の高さが生まれ、それによって広大な西南太平洋と東南アジアの領域を席巻できたことは明らかである。

また零戦があげた戦果として、奥宮氏も、連合軍機を空中戦で撃墜しただけでなく、地上で破壊したこともあげているが、前出の野村氏は回想録で、当時の海軍航空隊の幕僚たちは、支那事変、真珠湾攻撃およびフィリピン作戦であげた零戦の戦果から「敵機を撃滅するという点については攻撃機による爆撃よりも、戦闘機による地上銃撃の方が有効である」という結論に達しており、この考え方が大東亜戦争の緒戦の航空作戦を支配していたと述べている。

なぜなら「いままでの戦闘機の任務は、局地の防空と、攻撃機隊の掩護だと考えられていた」が、重慶、「マニラおよびパールハーバーの戦果を検討してみると、爆撃による敵機の撃滅より、戦闘機の地上銃撃による炎上のほうが数がおおかった」からである。

『「はっきりした数字はないが、戦闘機の撃墜および銃撃による地上の戦果は、全戦果の約七十パーセントに達していた。航空部隊の基本任務は、制空権を獲得することだから、敵機の撃滅が先決要件になる。敵機の撃滅といっても、飛行機だけをこわしたのでは、あとからあとからと生産されるので、一番てっとり早いのは飛行機の生産工場」を破壊してしまうことだが、これは大東亜戦争の場合、「米本土が攻撃できないので問題外である。前線での最良の方策は、敵の飛行機とともに、その搭乗員をもやっつけうる撃墜戦法になる。

これを行いうるのは戦闘機以外にはない。そこで、いままでは、攻撃隊が航空作戦の主力と考えられていたが、航空撃滅戦においては、戦闘機が主兵であるという考えかたが出てきたのである。

開戦後、ジャワ攻略までの、いわゆる第一段作戦中の航空作戦は、このような考えかたによって指導された。これが無敵零戦誕生の母胎となったのである』

大東亜戦争で零戦が果たした世界史的な意義

ここで、「大東亜戦争で零戦が果たした世界史的な意義」について述べておかなければならないだろう。

前出の英国の歴史家アーノルド・J・トインビーや、野村および奥宮両氏の言説を見てもわかるように、白人不敗の神話を崩壊させた日本軍が、わずか半年あまりで、広大な西南太平洋と東南アジアの全域を西欧列強の植民地支配から解放した後、東南アジアの各地に独立義勇軍を結成して軍事訓練を施し、敗戦後に展開された「第二次大東亜戦争」とも言うべきアジア諸国の民族解放戦争と民族独立運動に契機を与えていくことができたのは、緒戦において零戦が西南太平洋と東南アジア地域の制空権を掌握したからであると言っても過言ではないだろう。

著者は、そこにこそ、「大東亜戦争で零戦が果たした世界史的な意義」があると思うのであるが、このことは、次のマーチン・ケイディンの言説からも明らかである。
「日本に、おどろくべき成功をもたらした巨大な日本軍の全戦力のなかで、一つだけとりあげるとすれば、零戦ほど重要なものはなかった。

実際、日本のカケは、一つの前提にかかっていたのである。すなわち、三菱がつくった流線形の新しい戦闘機、零戦が、反撃してくる連合軍のどんな飛行機でも、迅速に、確実に打ち負かすことができるということを、あてにしていたのだ。

もし零戦が日本軍のすすむところ、つねに制空権のカサをつくることができるならば、広大な戦線での攻撃成功は、まったく疑いの余地はないであろう。零戦は期待されたことを、いやそれ以上のことをやってのけた。

日本は一九四一年〔昭和十六年〕中国大陸の大部分を支配していた。日本は、グアム島とウェーキ島とを占領した。オランダ領東インド〔蘭印〕も席捲した。シンガポールは、みじめな敗戦で陥落した。

開戦いらい、数ヵ月しかたたないうちに、オーストラリアは各地に空襲をうけて、不安につつまれた。いたるところで零戦は、日本軍の爆撃、艦隊、陸上部隊のために道をひらいた。日本の航空部隊は、ほとんど抵抗をうけないで、北部ニューギニア、ニューアイルランド、アドミラルティ、ニューブリテン、ソロモン群島へと殺到した。そしてカビエン、ラバウル、ブーゲンビルの占領は、米国からオーストラリアへの補給路をおびやかしたばかりでなく、オーストラリアそのものへの跳躍台にもなりかねなかった。

日本軍の勝利は、戦場上空の零戦の影で織りなされていた」

このように、零戦が支那事変、真珠湾攻撃、そして南方作戦と、次々と日本軍を勝利に導いていったのは、次のように従来の海軍の戦術思想を一変させたからであった。

零戦が一変させた海軍の戦術思想

昭和十二年七月七日に勃発した支那事変に際し、日本海軍航空部隊も、南京大空襲に参加し、戦爆連合の大編隊による敵の要地空襲を敢行したが、戦闘機の掩護をともなわない陸攻隊は、しばしば中国の戦闘機によって手痛い打撃をこうむっていたことは既述した。後年の「進攻作戦に大きな役割を果たした海軍基地航空部隊の基礎は、このときに確立されたのである」が、「この事変で、攻撃隊には、かならず掩護戦闘機が要ることがわかった」からである。

この陸攻隊の掩護の要請に応えるべく誕生した零戦は昭和十五年七月二十一日に、第三航空隊横山大尉の指揮のもとに漢口に進出、陸攻隊の掩護を兼ねて支那奥地の攻撃に参加し、戦闘機による大遠距離の攻撃作戦に偉功をたてたが、零戦はそれだけでなく、次のように従来の海軍の戦術思想を一変させたのである。

「昭和十五年九月十三日、試作を終わった零戦が前線に配属され、ただちに長躯重慶を空襲し、空中退避中の敵機二十七機を撃墜した」。

また十月十四日には、横山大尉の「零戦隊が成都を空襲し、敵飛行場に着陸して地上にあった敵機を焼き討ちした」が、それ以降、敵空軍の活動が急速に衰えはじめたのであった。これによって「航空撃滅戦は穴あけでは達成できない。敵の基地上空で搭乗員もろとも敵機を撃墜するのがもっとも有効だと結論された。

それには長距離を飛行できる戦闘機がなければならない。そこで出現した零戦こそは、世界唯一の航空撃滅戦用の戦闘機であった。

この日から海軍戦闘機隊の戦術思想が変わった。すなわち、戦闘機は攻撃機隊の掩護をする補助兵力ではなく、戦闘機こそ航空戦の主力であるという考え方」である。

「このころ、戦闘機主兵論よりも、もっと重要な兵術思想が航空隊関係者の大部分の頭の中に生まれていた。それは、陸戦、海戦のいずれも制空権なくしては勝利の望みがないのは当然であるが、航空戦という第三の戦闘によって、戦争の勝敗が決まるという考え方である。

国軍の力は空軍が代表すべきであって陸海軍は空軍の活躍に協力すべき補助兵力にすぎないというのである。

しかし、とうじの陸海軍の首脳部の大部分は、この考え方を了解しえなかった。海軍は、まだ国の興廃は海上決戦で決まる、そしてその主力は戦艦であるというのであった」

だが、「大東亜戦争の緒戦は、航空主兵の考え方が正しかったことを片っ端から実証していった。パールハーバーでは航空兵力だけで敵の艦隊を無力化することができることを示した」からである。

「マレー沖では英海軍の主力、不沈と称せられた戦艦も、航空兵力だけでなく、簡単に沈められることを実証した。またパールハーバーとマニラの空襲では戦闘機が航空撃滅戦の主兵であることも実証された。緒戦以後の飛び石作戦の距離が、零戦の航続距離の半分約五〇〇カイリであったことも偶然ではなかった。

ともかく、ジャワの攻略作戦、いわゆる進攻作戦中は、零戦を主力とする華々しい先例で一杯だった。戦局がソロモン群島付近で対峙するようになっても、いぜんとして戦闘機の主兵の考え方は変わらなかった」のであるが、後述するように「戦局が悪化してわが軍が防禦側に立つにいたって、この戦闘機主兵の考え方は、多少の修正が必要」となっていくのである。

ついに暴かれた零戦の秘密

このように向かうところ敵なしだった零戦も、やがて、その強さの秘密が暴かれるときがやってくるのであるが、実は、米軍が零戦の強さの秘密を知るようになるのは、昭和十七年九月以降のことであった。

零戦が広大な西南太平洋と東南アジアの全域に進攻する以前から、中国大陸に出現した零戦についての情報は、既に中国戦線からアメリカにも送られていたが、この情報に対する反応は信じがたいものであった。

「写真が提供され、こまごまと書かれた何十回という戦闘の記録が送られていたにもかかわらず、アメリカ合衆国陸軍省の将校たちは、日本の新型戦闘機がもっているといわれている性能の飛行機はあり得るはずがないし、零戦にかんする報告は意識的につくりあげられたインチキであるという結論に達した」からである。

零戦についての「報告は無視されたばかりでなく、陸軍省のファイルのなかにとじ込められさえもせず、明らかに手近かな屑籠のなかに投げ込まれたのであった。

このようなわけで、零戦の途方もない衝撃――それは主として、その優れた性能が連合国の飛行士にとって圧倒的な、致命的な驚きであったからである――は秘密を守ろうとする日本軍の試みによるものよりは、むしろアメリカの高級軍人の強い近視眼によるものであった」

前出のロバート・C・ミケッシュも、その著書で真珠湾攻撃が成功した理由は、米軍上層部が零戦の情報を無視したことによるものだったと述べている。

『零戦が中国大陸の上空にその翼をきらめかせてから、十六ヵ月を経た一九四一年（昭和十六年）十二月八日（アメリカでは七日）の朝、六隻の空母から放たれた零戦二一型（Ａ６Ｍ２）の編隊は、愛知九九式艦上攻撃機と中島九七式艦上攻撃機を護衛しつつ、オアフ島の真珠湾へ殺到した。アメリカの将兵はハワイ上空を乱舞する新鋭戦闘機の姿に驚嘆した。彼らはこの時点にいたるまで、零戦が高性能機であることをまったく知らなかったのである。

大陸上空での交戦状況から割りだした零戦の性能は、中国空軍の顧問となったクレア・リー・シェンノートらによって、アメリカに報告されていたが、それが誇張されていたものであろうがなかろうが、大した検討もなされず興味も抱かれないまま、報告書の束は葬り去られてしまった。日華事変に零戦が参加してから一年以上もたっているのに、かえって驚いたくらいだった。

しかし、真珠湾へ奇襲を受けてからは、零戦の存在は連合軍にとってまさしく現実のものとなった。この新鋭機に対する知識の欠如と、いまだ判然としないその戦闘能力は、前線の連合軍将兵たちに恐怖の念をまきおこし、それが零戦の高性能ぶりを大げさに伝えるはめとなって、ついには「神秘の戦闘機」とまつり上げる結果を招いた』

やがて、「真珠湾奇襲以来、破竹の勢いで西南太平洋に進撃する日本軍の先頭にいつもたち、連合軍の戦闘機や爆撃機や雷撃機をなで斬りにしてまさに〝鬼神もかくやと思われるばかりの〟零戦の活躍を、一体どこで喰いとめることができるかという問題に対して、アメリカの朝野は深い憂色」に閉ざされるようになっていくのだが、『このときの有様をアメリカの「エヴィエーション ウィーク」誌の技術記事担当編集者デヴィッド・アンダートンはつぎのように記している。

「一九四二年十二月の第一日曜日の朝、パール・ハーバーの怒りに立った空に、小型の細長い灰色の戦闘機が乱舞した。専門の見張り員もその姿をみるのははじめてであった。

日本が旧式の複葉機や角ばった単葉機を廃止し、この古今に類なき最優秀の飛行機の一つを、まったく極秘裡に設計し、生産し、使用していることを、世界はこの日はじめて知った。

（筆者注：この時から一年半も前に中国戦線にデビューしたことは、一部の情報筋しか知らなかった）

これこそ三菱の零戦で、のちに連合軍によってＺｅｋｅ《ジーク》とあだ名された、第二次大戦最大のなぞの飛行機であった」』

「連合軍は、真珠湾やフィリピンで撃墜された、この飛行機のかけらを、貴重な宝物のように拾い集め、それを継ぎ合わせて、完全な姿の零戦をリビルドしようと必死になったが、その努力はなかなか報われなかった。しかし、これが二〇ミリ機銃二挺と七・七ミリ機銃二挺を装備した軽快な引込脚の艦上戦闘機であり、そのネーム・プレートから、零式艦上戦闘機という制式名をもち、すでに数百機生産されていることを知り、また何よりもその構造が意外に進歩的であることに驚嘆した。連合軍は零戦の本当の性能を知らなければならないと飛べる零戦を獲るために百方手をつくした」のであるが、次のように零戦の秘密を知る日がついにやって来るのである。

零戦の活躍によって真珠湾攻撃と南方作戦を完遂した日本海軍は昭和十七年六月四日に、ミッドウェー作戦を開始すると同時に、北方のアリューシャン列島からの米機動部隊と航空部隊による日本本土への攻撃を阻止するため、アリューシャン列島を占領して基地を設置することを目的に、アリューシャン作戦を開始した。

同日、この作戦を担当した第二機動部隊麾下の第四航空戦隊は、アリューシャン列島の「アッツ、キスカ島攻略部隊の上陸作戦に先立って、米軍の主根拠地であるダッチハーバーを空襲し、米軍の航空兵力、艦船、軍事施設など」を壊滅するため、空母「隼鷹」と「竜驤」の二隻から艦爆、艦攻各六機に、掩護の零戦各六機を発進させた。

だが、「このうち、隼鷹飛行隊は、悪天候と敵機に遭遇したため攻撃を断念したが、竜驤所属の艦攻隊、戦闘隊は、さいわい目的地発見に成功し、九七艦攻の港湾施設爆撃、零戦の機銃掃射はみごとに成功をおさめた」

また翌日にも、零戦隊十一機を含む三十一機の攻撃隊を出撃させて、軍事施設や燃料貯蔵タンク、湾内の艦船に爆撃を敢行したが、その間隙をついて、海軍陸戦隊と陸軍部隊はアッツ、キスカ両島を占領することに成功した。

だが、このとき、ダッチハーバーの上空で下からの激しい対空砲火によって被弾した古賀一飛曹の零戦一機がダッチハーバーの東四十キロ地点にあるアラスカのアクタン島に不時着するという事件が起こった。

アリューシャン作戦で米軍に鹵獲された零戦21型

一ヵ月後の七月十日、湿地帯に不時着していた零戦一機が、ダッチハーバーの基地から発進した哨戒中の偵察機PBYカタリナによって発見された。やがて、米軍の回収部隊によって回収されたが、このとき、零戦は「脚を湿地に突っ込んで逆立ちし、機体小破、操縦者は操縦席前方に頭を打ちつけて死んでいた」

こうして、ほぼ完全な状態の零戦一機を手に入れた米海軍は、これまで謎だった零戦の解明に挑むのであるが、「零戦の運命を大きく変えることになるこの事件に、当時の日本側では、だれ一人として気づいたものはいなかった」のである。

アラスカから船で輸送された、この零戦二一型は八月十二日に、カリフォルニア州サンディエゴ海軍基地に到着すると、ここで一ヵ月かけて「分解調査され、破損個所の修復と完全な手入れを行ったうえ」、最初のテスト飛行を行ったが、ここでは「最良の状態に調整できる見こみがなかったので、設備の整っているワシントンのアナコシア海軍基地に輸送されることになった」

ジョン・スミス・サッチ海軍大尉

　この零戦が到着すると、アナコシア海軍基地では、「飛行実験による性能計測と、Ｆ４Ｆ－４、Ｆ４Ｕ－１のアメリカ海軍戦闘機を相手として比較性能試験が行われた」が、このとき、米海軍のテスト・パイロット、メルビン・Ｃ・ホフマン大尉（後に大佐）が主に零戦に乗り、ジョン・スミス・サッチ海軍大尉（後に中将）が対零戦戦法を研究した。

　そして、昭和十七年十二月に、技術諜報部によって、次のような零戦についての報告書（「零戦飛行特性概要報告」）が、ＮＡＣＡ（国立航空研究所、現在のＮＡＳＡ）のラングレー研究所に提出された。

　①結論　零戦は翼面荷重（総重量を主翼面積で割った値）が低く、われわれの現用戦闘機のいずれよりも勝る運動性を持っている。この飛行機と空戦するには、まずわが戦闘機は計器指

示速度を四八〇キロ／時以上に保つ必要がある。
零戦に対する戦法を案出するには、零戦の次の二つの欠点を頭におくべし。
(イ) 零戦は高速では補助翼が重すぎるため、横転がおそい。
(ロ) 零戦の発動機はマイナスG（背面飛行や急降下開始直後）の状態では、短時間しか運転が続かない。
②勧告　零戦が配備されていると考えられる戦域に入るパイロットは、次の戒律を守るべきである。
(イ) 零戦と格闘戦を試みてはならない。
(ロ) 自機が敵機の直後にある場合を除き、計器指示速度四八〇キロ／時以下で零戦と戦闘に入ってはならない。
(ハ) 低空で上昇に移った零戦を追尾してはならない。もしそうするとわが方は失速する危険があり、零戦はわれわれが失速したところを後上方から容易に攻撃できる。
(ニ) 零戦と戦闘する味方機は、できるだけ軽くし、戦闘に絶対的に必要でない装備は取り外すべきである。

以上のように、米軍が零戦を綿密に調査した結果、「零戦は驚くほど軽量で多くの性能は極めて優れていること、しかし発動機はわずか一〇〇〇馬力のものであること、ただ一つ急降下性能に弱点があること、および防弾装置がほとんどないことなどを発見した。その他あらゆる点にわたって零戦の力の限界はすっかりわかってしまった。その結果、この零戦の弱点を衝いて、それまでのアメリカの陸海軍の戦闘機では全く手の出なかった零戦に打ち勝つ飛行機の設計が急がれた。そして、それらの教訓は当時すでに試作中であった海軍のグラマンＦ６Ｆ（ヘルキャット）に生かされた」のである。

この年の八月に、堀越技師は、日米抑留者交換船でニューヨークから帰ってきた名古屋航空機製作所の上条技師から、次のような報告を受けた。

「彼のいた収容所では、自由に新聞が読めた。それには、零戦は圧倒的に強く、零戦によって直接失われるパイロットと飛行機、それに零戦に掩護された攻撃機によるアメリカ軍の損害は重大《シーリヤス》であると書かれていた。彼は、アメリカ軍の飛行機の天文学的数字ともいえるほどの増産計画と零戦を打倒するためのいくつもの新戦闘機の開発が、着々と進められているようすだとつけくわえた」

堀越技師は、「零戦打倒のための新計画が進んでいるということだから、零戦もいよいよ苦闘を強いられることになるだろうと」、上条技師の話を聞きながら、はるか南の空に思いを馳せるのだった。

こうして、零戦の秘密をつきとめた米海軍は、ふつうの戦法では勝ち目のなかったＦ４Ｆに昭和十八年八月のソロモン海戦から、次のような新たな戦法を採用して零戦に立ち向かっていくのである。

米軍が採用した対零戦戦法と新型戦闘機

米軍の各種の戦闘機を使って、あらゆる角度から零戦を研究したサッチ大尉が新たに考案した戦法は、「二機が組みになって、急降下で一撃を加え、格闘に引き込まれたそうになったら、二機が交差するような飛び方でおたがいの後方を掩護し、零戦の追尾を」絶ち切り、「いかなる場合でも、急降下はほどほどでやめ、垂直面内の戦闘に圧倒的に強い零戦に追尾の余裕を与えぬ高度にとどめ、つぎの攻撃のチャンス」を狙うというものであったが、この戦法は、糸を紡《つむ》ぐのに似ているため「サッチ・ウィーブ（サッチの機織《はた》り）」戦法と呼ばれた。

さらにサッチ大尉は、零戦を打倒するために、零戦よりも高い高度から急降下で攻撃を仕掛け、そのまま高速で下方に逃げるという「ヒット・エンドラン」と呼ばれる一撃離脱法も考案したが、これは、零戦よりも急降下のスピードが速い米軍機の長所を生かした戦法であった。

この二つの戦法が登場してから、零戦よりも性能が劣るグラマンＦ４Ｆ〝ワイルドキャット〟、カーチスＰ40〝ウォアフォーク〟、プリュウスターＦ２Ａ〝バッファロー〟、ベルＰ39〝エアコブラ〟でも、零戦に一方的に撃墜されることはなくなった。

また「昭和十八年になると、アメリカ陸軍は、高性能の新型ロッキードP38〝ライトニング〟や、リパブリックP47〝サンダーボールト〟など、最大時速六〇〇キロ級の新鋭機をくり出し、海軍もF4Fにかえて F6F〝ヘルキャット〟を出陣させ、また世界一頑丈な戦闘機といわれるヴォートF4U〝コルセア〟を実用化させ、大量生産をはじめた。

いずれも二、〇〇〇馬力級の強力な発動機で強引に機体を引っぱるといった感じの高速戦闘機で、軽量本位の零戦とは、根本的に設計思想のちがうことが明らかであった」

こうして名機零戦も、米戦闘機の急速な性能向上と、新しい戦法のまえに、やがておとろえが見えはじめた。

昭和十九年十月二十四日、シブヤン海に向かった栗田艦隊へ攻撃をかけるために準備をしていた第三十八任務部隊第三機動部隊指揮官のフレデリック・C・シャーマン海軍大将も回想録で、

「エセックスの飛行隊長マッカンベル中佐が、まず七機のヘルキャットをひきいて、敵の大編隊に対抗した。彼の隊は、約六十機の一群と出会ったが、数の大きなひらきにもかかわらず、これを上方から攻撃した。約一時間にわたって、老練なヘルキャット隊は、あらゆる機会を利用して、日本編隊を翻弄し、二十回ちかくも攻撃をくりかえした。

かつては無敵であった精強零戦隊も、いまは、自分たちが護衛せねばならない攻撃隊よりも、自分だけを守るのにせい一杯であった。乱戦があちこちに起こり、編隊はバラバラにくずれさってしまった。

米戦闘機が離脱したとき、零戦の編隊は、わずか十八機にへってしまった。米海軍きってのエースで、射撃の名人だったマッカンベル中佐は、自分だけで九機を撃墜するレコードをつくった（彼の撃墜数は三十四機だった）。

また彼の列機は、六機を打ち落とし、その他のものも九機を討ちとり、エセックス隊だけで二十四機をたたき落した。

他の戦闘機隊もすばらしい記録をつくった。すなわち、プリンストン隊は三十四機、レキシントン隊は十三機、ラングレー隊は五機をやっつけた。それは、まったく一方的なものだった。六月のマリアナ沖海戦（マリアナの七面鳥打《う》ち）以来、こんな多数の日本機を打ち落としたことはなかった」と述懐している。

しかし、どの戦闘機も、航続距離と旋回能力では零戦にはかなわなかったし、「とくに垂直面内の空戦では零戦についてゆけず、零戦が得意とするひねり上げるような旋回を行った場合は、四分の一の一周も追従できなかった。零戦に追尾されたら、急降下によって離脱する以外に方法はなかったようである」

まともに零戦と戦ってよい勝負をしたのは、米軍機の中でF6Fだけであったが、『米誌〝コリヤーズ〟が、「アメリカ海軍航空隊は、本機を得てはじめて、零戦に対する運動性の弱点を回復した。その戦法は本機の二機が一組となって零戦に対抗し、最大速度を得るために高度をとってから急降下で零戦に近づき、射距離に入ると同時に、急旋回をしながら一連射をかけて避退するというものであった」と述べていることからもわかるように、「零戦が圧倒されたのは、その性能ではなく、むしろ主導権をとられての先制攻撃とその圧倒的な数量であった、という方が適当」であろう。

零戦が登場したとき、飛行機の無防備は世界の常識だった

ところで、戦後の日本では、次のように戦前の日本軍は、まるで人命軽視だったかのように批判する者がいるが、果たしてそうであろうか。

『日本機は米英機に比べて燃料搭載が圧倒的に多いため、燃料タンクに防弾装備を施すことは戦力の大幅低下につながるとして、ずっと用兵者に反対されてきた。十二試艦戦の開発過程でも、防御装備をどのようにするか検討されたこともあったが、「優れた性能が最良の防御力」として、まったく採り入れられなかった』（野中寿雄他『奇跡の翼　零式艦上戦闘機』イカロス出版）

確かに、坂井三郎氏は回想録で、「敵の操縦士がまもなく発見したことであるが、口径五十ミリの銃弾を零戦の燃料タンクにぶち込むと、零戦は爆発して炎に包まれた」と述べているが、それはアメリカの飛行機も同じことで、「防弾についてはソ連戦闘機には一九三七年から防弾板がついていたのを例外として、同時期の欧米の戦闘機にも防弾板はないのが普通」だったのである。

零戦を設計した堀越技師は、「零戦——そしてその他の日本機共通の最大の弱点は、おそらく防弾の設備を欠いていたことであろう。これもまた日本軍の伝統が、日本軍の弱点を生んだといえよう。〝攻撃は最大の防御〟という原則に忠実な日本軍は、装甲板を厚くしたり、その他の保護手段を講じて重量を増し、攻撃力を犠牲にするのを、いさぎよしとしなかった」と述べているが、こうした批判に対して、マーチン・ケイディンは、次のように説明している。

「戦闘機で、その装甲板や自動閉鎖式燃料タンクなどの防護設備を犠牲にして、最大の空戦性能をもとめたとしても、かならずしも理屈にあわぬことではない。それは、おおくの人たちが、その結果として生まれる性能上の利点によって、戦闘機は勝利をおさめると考えたからである。

十二試艦上戦闘機を設計したころは、世界中どこの国でも、戦闘機を厚い装甲板で防護することや、自動閉鎖タンクや他の装置を真剣に考えていなかった。

しかし一九四〇～四一年の第二次大戦勃発前夜の航空戦からの教訓では、こうした防弾装置は戦闘機にとって、有利であるばかりでなく、欠くべからざるものであった」

航空機研究家の辻俊彦氏も、この堀越技師の言葉を補足するように、次のように述べている。防弾板やセルフシーリングタンクがないのは零戦に限ったことではなく、「イギリスのスピットファイア、ドイツのメッサーシュミットＢｆ109でも防弾板やセルフシーリングタンクがつけられるようになったのは大戦が始まってその必要性が分かってからであるし、アメリカの戦闘機で防弾板がつけられたのは、イギリスに送られた戦闘機に防弾板がついていないのを指摘されたためである。グラマンＦ４Ｆでも一九四二年二月の時点では、航空母艦に積んであったボイラー修理用の鉄板を使って間に合わせの防弾板をとりつけている程度であり、セルフシーリングタンクもまだなかった。

これらが正規につけられるようになったのは珊瑚海海戦直前に間に合ったＦ４Ｆ－４型からである」

また零戦が防弾板をつけなかったのは、零戦が徹底的な軽量化を目指したからであると批判する者もいるが、これも誤りである。

この点については、堀越技師が「戦闘機で、その装甲板や自動閉鎖式燃料タンクなどの防護設備を犠牲にして、最大の空戦性能をもとめたとしても、かならずしも理屈にあわぬことではない」と述べているように、前出の奥宮正武氏も、その著書で次のように反論している。

昭和五十九年に、ダイヤモンド社から刊行された『失敗の本質——日本軍の組織的研究』（戸部良一、寺本義也他）は、「他の多くの戦記ものと比べて、学術的かつ客観的に書かれていることは評価に値する。が、その内容には明らかに史実と異なることや誤解と思われる箇所が少なくない。

そうなったのは、各執筆者が参考にした資料や戦争体験者たちの証言に問題があったからであろう。いったん文章となったものの真偽や適否を判定することは、当時のことをよく知らない人々にとっては至難の業であるからである」

例えば、同書の第三章「失敗の教訓——日本軍の失敗の本質と今日的課題」には、「航空機の防御を述べたところで、零戦は完全な無防備であった、と批判されている。が、これも当たらない。新しい型には、なしうる限りの防弾装置が施されていたからである。

太平洋戦争の前期に零戦が大活躍できたのは、零戦が防御を犠牲にしてまでも、その性能の向上に力が入れられた結果であったことは忘れられてはならない。

もし、零戦が、当初から、防御を重視して作られていたら、高速や長大な航続力が得られず、第一段作戦のような見事な戦果をあげることはできなかったであろう。同機の防御が深刻な問題になったのは、昭和一八年の半ばにＦ６Ｆが出現した頃からであった。
この点に関する認識不足のために、零戦を不当に批判することは、軍事技術に関する知識の不足を物語る以外の何ものでもない」

また航空機研究家の清水政彦氏も、その著書で次のように反論している。

『今まで述べてきたように、零戦の軽量化構造は、膨大な手間をかけて徹底した強度計算を行い、余分な強度＝余分な重量を削ることで達成された。一言でいえば、実用上の問題がない程度にヤワにすることが設計方針だった。

これに対し、時節「零戦の軽量化は、本来不可欠な防弾装備を犠牲にして達成されたものである（したがって、零戦の高性能は評価するに値しない）」という趣旨の解説を目にすることがある。

何となく説得力があるように聞こえるかもしれないが、厳密に言えばこの批判にはまったく根拠がない。

こういった解説を鵜呑みにして、「人命より攻撃性能を重視した非人道的設計だ」と言わんばかりの批判が盛んに行われているので、三菱や海軍の関係者はさぞお怒りだろう。

結論から言うと、この時期（昭和12年）にまともな防弾装備を持っていた戦闘機は、世界中を見渡しても殆ど存在しない。

実は、欧米ではこれ以前に軍用機への防弾の試みがあったのだが、飛行性能の低下が著しいため放棄されてしまっていた。つまりこの時代、戦闘機には防弾をしないのが常識だったのである。

したがって、零戦のライバルとなるべき米軍機（たとえばF4FやP40）も、当然のように無防弾、「素っ裸」の前提で設計されている。

また、零戦よりやや遅れて開発が始まったF4U「コルセア」（米軍の次世代艦上戦闘機）にしても、洋上飛行に必要な大量の燃料を収容するために、主翼を油密構造にして中に直接ガソリンを流し込む「インテグラル・タンク（造りつけタンク）」を採用する予定で、燃料タンクの防御など特に考慮されていなかった。

開発時期を考えれば、零戦が無防弾の前提で設計されたことには何の不思議もないから、この点を捉えて技術者や海軍を批判するのはおかしな話である。

むしろ問題なのは、「その後の防弾装置を（無理して）追加したかどうか、どの段階で追加したか」ということだ。

この点では、米軍機は零戦よりも先行した。その原因の一つは、米国が日本よりもずっと早い時期に現代航空戦、大消耗戦を体験していたことにある。

第二次欧州戦の開始は1939年9月で、真珠湾攻撃は1941年12月。つまり、欧州では全面戦争に突入するのが太平洋より2年余り早かった。

……その欧州戦線では、米軍機が（米国の参戦前に）連合軍への輸出・貸与という形で実戦に参加していた。当初は、陸軍機のP‐36、P‐40、海軍機ではF4Fなどが防御装備のない「素っ裸」のまま海を渡って英仏軍に納入された。

そしてユーザーである英仏軍は、輸出機の性能、装備や戦いぶりについて米軍に貴重な情報をもたらした。

ここで得られた戦訓は、今後生産される機体については、火力の大幅増強と耐弾性能の強化が必要だったということだった。既に就役していた機体には、この戦訓を織り込んだ改修が施されることになった。

……日米開戦時、米空母部隊の多くは旧型の「F4F‐3」を装備していたが、一部は搭載機の防弾改修が遅れており、1941年12月の時点ではまだ「素っ裸」の機体もあった。

陸軍機も同様で、主力機であるP‐40に防弾装置がつくのは、欧州への輸出機に対して英軍から防弾の要求が出されたことがきっかけだった。

当時の典型的な防弾処置は、操縦席の後方にパイロットを守る装甲（防弾鋼板）を張ることで厚さにもよるが大体60kg位の重さになる。

……さらに、重量が増えれば当然、上昇力をはじめとする諸性能が低下する。F4FとP‐40の場合も例外ではなく、火力強化・防弾追加その他の「戦時型改修」を行った新型の性能は、従来型と比べて惨めなほど低下してしまった。

このように米軍機は、1939年から41年にかけて、多少の無理と性能の低下を承知で、防弾装備を含む戦時装備を追加した。

一方、零戦は昭和17年（1942年）後半になってようやく大消耗を経験し、その2年後の昭和19年に防弾装備を追加、実戦投入は昭和19年の末になってしまった（零戦52丙型）』

太平洋戦争研究会編の著書『これだけ読めばよくわかる「ゼロ戦」の秘密』（世界文化社）には、「ゼロ戦は高速力と航続力を得るため、防御力を犠牲にしなければならなかった」と述べているが、それは誤りであって、空戦性能を高めるために防御力を犠牲にしたのが真相である。

かつて、零戦のベテラン・パイロットが、これまで乗った二一型や二二型と比較して「ひさしぶりにゼロ戦（五二型丙）に乗ってみて、ゼロ戦もこんなにギコチない飛行機になったかとがっかりした」と嘆いたと言われているように、当時の零戦の搭乗員たちは、零戦の脆弱な防御力を搭乗員の技能によってカバーするのが当然であると考えていたことは、次のような証言からも明らかである。

安部正治（海軍上飛曹）

昭和二十年三月二十一日、私たちが神雷部隊の一式陸攻十七機を直掩したときのことであった。

喜界ヶ島の沖、百五十マイルほどの洋上で、わが特攻隊を迎え撃つために待ちかまえていたF6F、F4Fの数十機と空戦にはいった。

当時の若年搭乗員には、「編隊を離れるな」と編隊空戦を鉄則とした教育が浸透していた。そのためか、戦場で列機たちの見張りがきわめて悪いようであり、悪くいえば、まるで空戦上で編隊訓練をやっている感じがしないでもなかった。

空戦中、私の下方約一千メートルを三機の味方がいく。その後ろをF4Fが一機ついている。私が掩護射撃を送る間もなく、その列機二機までもが、たちまち火をふいてしまった。

零戦が火をふきやすいのは、大きな欠陥だった。が、それをカバーするのが「見張り」であり、「空戦技能」ではないか。私は、火をふいた味方に対して、あわれみとくやしさと、ある種の憤りを感じた。「なぜもっと後ろの見張りをしないのか」そうおもいながら、このF4Fに対して、深い角度で怒りをこめて突っ込んでいった。

坂井三郎（海軍中尉）と元米海兵隊第十一航空部隊（厚木基地）所属のフランクリン・C・トーマス海兵中佐（当時、海兵少尉）との対談

坂井　ところで、零戦とやられた感想を一つ……。

トーマス　（笑いながら）大変いいと思った。あまり速力はなかったが、行動半径がとっても小さく、サッと廻ってくるし、その行動時間が早い。

坂井　その点はたしかにありましたね。私がアメリカの飛行機を見て感じたことは、グラマンよりもコルセアの方が優秀で、勇敢だった。

トーマス　そう、たしかにグラマンは、コルセアほどいい飛行機ではなかった。

坂井　しかも、マリーンが一番強かった。

トーマス　グラマンには二種類あった。すなわちガダルで使ったワイルドキャットと、ラバウルで使ったヘルキャットの二種類。

坂井　その二つの機種はどういう点が違っていたんですか?

トーマス　ヘルキャットの方がエンジンが大型であったし、速力もガダルで使ったワイルドキャットよりも早《ママ》かった。しかし私の印象では、コルセアのほうが、零戦より優秀だと思う。というのは、わたしたちのコルセアは、弾丸があたっても、そのままで飛行を続けることができる。たとえば私の飛行機は、かつて百四発弾丸を受けて、機体に穴をあけられたが、それで

も帰ってきた。そこがコルセアの特徴です。ところが零戦の方は、弾丸があたるとすぐ燃えてしまう傾向があった。

坂井　零戦には、防御装置というものがぜんぜんほどこされていなかった。

トーマス　（笑いながら）その点がゼロファイターと違うところだ。しかし、それだけに零戦は機体が軽いから、その点で早《(ママ)》いし、我々が追いかけていってもサッと身体をかわされると、追いつけなかったので、なかなかあたらなかったけれども、あたったらもろい。

坂井　それは、当時の搭乗員の技倆が非常に優秀であったので、防御装置なんかをやって鈍重なものにするよりも、軽快にして攻撃一点張りの飛行機に設計された。だからその当時、私たちクラスの搭乗員に零戦さえ与えてくれれば、絶対の自信があった。

堀越技師も、その著書で海軍から「燃料タンクと操縦者の防弾の要求はなかったが、この当時、戦闘機の燃料タンクの防弾を考えていた国があったとしたら、おそらくアメリカくらいであったろう。その証拠に第二次世界大戦のはじめ、タンク防弾をしていた戦闘機は、アメリカ機とドイツ機の一部で、それもタンクのまわりに鋼板を当てただけだった」と述べており、また『一〇〇〇馬力の発動機から、性能の一滴でも余計に引き出せという国家の至上命令に対して設計をやったわれわれは、要求のないことまでやろうという余裕は、その時は全くないと感じていた。しかし要求があれば出来ない相談でもなかった。自分よりも強力な敵と実戦にまみえて惨害を被るまで要求が眠っていたのは、何といっても第一に用兵者に責任があった、というよりほかはない。

実際にわれわれ設計者に対して要求が出たのは、太平洋戦争も山を過ぎようとする昭和十八年十一月で、零戦五二型乙から実施され、ようやく昭和十九年四月以降生産機が出た。しかし、昭和十七年六月、アリューシャンでアメリカの手に入った零戦から、不死身の如く見えた零戦の最大の欠陥を敵に知られてから二年近くもたっており、全く「後の祭り」という言葉のとおりであった』と述べている。

また「機体設計者は用兵者に対して意見を述べることは一切許されなかった」(野中寿雄他、前掲書)という意見もあるが、堀越技師は、「われわれ技術者も、この問題ついて研究しなかったのは、怠慢とみられてもしかたがない。軍からの要求がなかったということは弁解にはならない」と述べていることから考えて、必ずしも、「機体設計者は用兵者に対して意見を述べることは一切許されなかった」わけではないだろう。

実は、こうした日本軍や零戦の欠点に対して、前出のトーマス海兵中佐のように、むしろ敵側の方が、弁護しているのである。

マーチン・ケィディン（米国の航空記者）

もし零戦が当初から「栄」二一型発動機をそのままつけていくばあいには、その空戦性能はひどく低下して、重武装や装甲板や自閉燃料タンクを持ったとしても、それではいままで以上に、高性能の「ヘルキャット」のエジキとなるであろう。こうした状態では、この飛行機はF6F「ヘルキャット」には対抗できない。

零戦は、「高々度性能の不足、速度不足もよくいわれているが、本機は、中高度で空戦することを目標に設計された一〇〇〇馬力級戦闘機であり、これを、高々度戦闘機や、のちの二〇〇〇馬力級戦闘機と比較すれば、不満足な点がでるのは当然であり、設計当初の目標を考えれば、かならずしも、当をえた批判ではない。

フランシス・R・ロイヤル大佐（米第五空軍作戦局長）

問　（著者注：零戦の）欠点はなんですか。

答　これは日本のすべての飛行機にいえることなのですが、防禦に注意をはらわれなかったことですね。ことに燃料タンクというようなもっとも大事な箇所にも、その防禦が行われなかったことは不思議なほどです。いや防禦が行われなかったということは正しくない。うすかったと訂正します。

問　なぜ防禦がうすかったのか、この点おわかりになりますか。

答　わかります。防禦甲鈑をつかえば、ことに戦闘機などのように、器用に動かなければならない飛行機にとって、すこしでも軽くありたいこと。ことに日本人は戦闘意識——好戦的だというのではありませんよ。その戦闘意識が強いことに起因しているのではありませんか。防禦よりも、攻撃面の力を、より以上に搭載したい、そのあらわれだろうと思います。

問　生命軽視だともみられますがね。

答　戦争そのものが、どちらにせよ、極度の危険がなければ成りたたないですから、日本人だけがそうだとはいえないでしょう。

この中でロイヤル大佐が述べているように、防御が弱い零戦に対して、燃料タンクの消火装置が取り付けられたのは、強力なグラマンF６Fに対抗するために昭和十八年八月から生産が始まった零戦五二型の翼内タンクに対する消火装置が最初である。

また防弾装置（操縦者防弾、燃料タンク防弾）が取り付けられたのは、昭和十九年四月から生産された五二型乙の操縦者防弾（前方の防弾ガラス）が最初で、次いで九月上旬に完成した五二型丙に対して、操縦者防弾（前方の防弾ガラス、後方の防弾鋼板）と燃料タンク防弾（胴体内燃料タンク）が取り付けられた。

零戦はなぜ大戦の後期から負けだしたのか

確かに、米軍機に比べて、零戦に対する消火装置や防弾装置の設置が遅れたことは事実であるが、坂井三郎氏は、零戦が大戦の後期にかけて、その偉力を十分に発揮し得なかったのは、次のように零戦の防御の脆弱性に原因があるのではないと述べている。

「戦争のはじめごろ、ベテラン操縦者たちは零戦の欠点などを考えることもしなかった。それは、その優れた総合攻撃力を、十二分に伸ばして戦うだけで、勝ちぬけたからだ。

しかし、戦場には運不運がいつもつきまとっている。長い間にはいつのまにかベテランの数が少なくなって、若い未熟な操縦者が多くなり、その未熟者たちは零戦の長所を生かすことが出来ず、かえって、その欠点を大きく敵にさらけだすようになってしまった。

このように考えると、戦争の後半に弱くなったのは、零戦ではなくて、操縦者だったということがいえる。操縦者の層の厚さ、これが最大の原因であった。

どんなにすぐれた飛行機も、それを操縦する人間によって、生きも、死にもするのである」

確かに、零戦は、当時の傾向と比べて低翼面荷重を採用したことで、優れた旋回性能と離着陸性能を持つ戦闘機となったが、その反面、急降下速度が低くなったことで、「せっかく敵をとらえながらも、急降下にはいられると、追撃を断念せざるをえない場合」が多くなった。「熟練パイロットならば、敵が急降下にはいれないように空戦を展開し、カバーすることができた」わけである。

だが、航空評論家の内藤一郎氏は、坂井氏のような考えを無視して零戦の長所よりも短所ばかりを強調する批評について、次のように厳しく戒めている。

「零戦がすぐれた飛行機であることを肯定しながらも、強度不足だ、突っ込みが効かない、防弾がない、高々度性能が不足だのと、いろいろの批評を耳にすることがある。

その多くは一知半解《いっちはんかい》の妄言にすぎない。また、よしんばそうであったところで考えてみられたい。わずか一千馬力そこそこのエンジンをつけた飛行機で、この零戦の半分ほども有能な戦闘機が昔も今も世界のどこに実在したかを」

また前出の源田実氏（戦後、防衛庁航空幕僚長、参議院議員）も、零戦の唯一の欠点（防御力の不足）を除けば、これほど搭乗員から信頼される戦闘機はなかったと述べている。

『戦後、実際に零戦を駆って飛んだ某米国将校が感想を洩らしたところによると、「座席がゆったりして操縦具合が、大変いい」と激賞し、あの体格の大きな米人でさえ、窮屈な思いをせずに十分な操縦が行えるこの機に絶大な安心感を抱けることを、身をもって痛感したらしい。

事実、多くの搭乗員たちは、心の底から零戦に信頼感をおいていた。唯一の欠点――防禦力の足りない点――を除いては、零戦とともに戦えることを、この上ない誇りに思っていたのである。
しかし、そういう優秀機も、決して一朝一夕にして創意され、誕生したのではないことは勿論だった。かけがえのない命と、身をすりへらすような辛苦の積み重ねの上に、尊くもまた誇らかに築きあげられた結晶だったのだ』
源田氏が述べているように、次の搭乗員の言葉を見れば、これほど搭乗員から信頼される戦闘機はなかったことがわかるだろう。

安部正治氏（海軍上飛曹）
敵機に撃ちおとされなかったのは、零戦のすぐれた性能のおかげだ。零戦は、敵の数と装備には敗れたが、性能と技能においては、いかなる敵にも敗れなかったことを、いまもって確信している。

周防元成（海軍少佐）
ラバウルからガダルカナルまで片道三時間二十分、上昇力、スピード、その他もろもろの条件をあげてみても、世界広しといえども、戦闘機で七時間の航続力をもつ機はありませんよ。
敵機の弾に当たって死ぬかもしれないという危険はあっても、絶対に零戦が故障したり、壊れたりしないという自信でいっぱいでしたからね。
また、零戦の好敵といったら、グラマンF6Fぐらいですよ。

原田要（海軍中尉）

零戦は素晴らしい戦闘機で、アメリカと戦う決断を下したのも、零戦があればこそでしょう。仮に九六戦のままであれば、とても戦うことはできなかったと思います。そして、零戦が搭乗員たちにもたらした最大の効果は、「これに乗っていれば、絶対に大丈夫」という強い自信を与えたことだと思います。
空戦で一番大事なのは、「必勝の信念」に他なりません。「相手の方が強いのでは」と不安を抱けば、その時点で負けです。そうではなく「敵が強かろうが弱かろうが、俺なら絶対に大丈夫」という気構えをもっていなければなりません。ですから「大丈夫」という安心感を搭乗員に与えたことが、零戦登場の最大の収穫といえるでしょう。

八島理喜三氏（海軍中尉・飛行教官）

零戦はひじょうに優秀な飛行機だった。いろいろな人がいっているが、ではどういうふうに優秀だったかというと、これまたいろいろな意見がある。

しかし、私は安心して乗ることができるという点で、零戦の右にでる飛行機はないであろうと思う。

後世、いくら進歩したとしても、ジェット機などではそういう点でかえって退歩しているのではないだろうか。私が当時、いくらかでも自分のつとめをはたすことができたとすれば、その功は零戦の優秀さによるものであると思う。

土方敏夫氏（海軍中尉）

昭和二十年五月十一日、その日、空戦場となった沖縄島上空は青かった。……視界不良の雨の中で、頼りになるのは、エンジンのひびきだけである。心強くエンジンは回転している。燃料がつきて海上に不時着し、フカのエジキになるくらいなら、いっそおまえといっしょに背面ダイブで突っこもうぜ、などと愛機に語りかけたくなる。

とつぜんエンジンが不調になる。あわてて、胴体タンクに燃料コックを切りかえる。燃料はあと三十分である。

航空計算盤で何度やり直してみても、臥蛇島と中ノ島のあいだを通り、坊ノ岬にむかっているはずである。

もういよいよダメかと思ったとき、とつぜん、目の前いっぱいに島があらわれた。急激な垂直旋回であやうくかわして、ひとまわりしてみると、まさしく黒島であった。五十七度で、開聞岳ヨーソロであることが、航空図からすぐわかる。思わず助かったと思うと同時に、よく飛んでくれたと、愛機の操縦桿をにぎりしめる。

鹿児島基地に着くと同時に燃料がつき、プロペラが止まった。まったく危機一髪のところであった。空中戦はもとより、悪天候の中をとぶにしても、零戦はほんとうに心から信頼できる飛行機であった。

こんなすばらしい戦闘機は、ほかにはなかったと、いまでも私は思っている。

零戦搭乗員はなぜ落下傘を使わなかったのか

日本軍の人命軽視を強調するためか、重量軽減のために零戦の搭乗員は、落下傘を使わなかったと批判する者もいるが、これも誤りである。

この点については、前出の坂井氏が回想録と、その著書で、次のように反論している。

「当時わが方の操縦士は、誰ひとりパラシュートを着けて飛行するものはなかった。このことが西洋で、日本の指導者たちが、われわれの命を軽視して、すべての日本人の操縦士を消耗品と考え、人間というよりはむしろ将棋の歩のようなものだとみなしている証拠であるといった間違った解釈を生んだのだ。だがこれは真実からほど遠いものである」

「飛行機に搭乗するときは、必ず落下傘を携行しなければならない、という規則があったが、私たちは敵地上空で操縦不能になった場合、落下傘を用いて生きのびることなどは夢にも考えていなかったから、用意はしなかった。用意しなかったというのは、落下傘をもっていなかったということではない。

落下傘は大きく分けて、羽二重製の傘体と装着バンドからなりたっているが、むかしは、傘体と装着バンドが一体になっていて、搭乗前に地上で身体に装着し、重量が五キロ以上もある傘体を、うしろ手に両手で抱えて機まで歩いて行ったものだが、後にその不便さが改良されて、傘体とバンドを分離する方式に改められた。それ以来、傘体は常時操縦席に積んだままになっていて、シートの役目を果たした。

操縦席は落下傘を納めてはじめて、坐り具合がよくなるようにできているので、傘体を尻に敷かないと坐り心地や、座高の関係で、完全な操縦はできないようになっていた。この式になってからは、バンドだけを地上で装着して行動できるようになったから、重い傘体をぶら下げる不便はなくなったが、それでも私たちは、そのバンドさえも敵地攻撃には用意しなかった。これは決して命令ではなかったが、だれ一人として使うものはいなかった。前にも述べたように、敵中降下しない、という決心がそうさせたことの第一の理由だが、そのほかにも二つの理由があった。

その一つは、落下傘バンドを装着すると、戦闘機の狭い操縦席では動作が窮屈で、とくに後ろを振り向いて行う見張りがとてもやりにくい。その見張り不足のために、敵機の奇襲を受けるおそれが大いにあると考えたからであり、また、人間の身体は、長時間かたく縛りつけられることには抵抗を感ずるものである。（後略）」

この中で、坂井氏が「私たちは敵地上空で操縦不能になった場合、落下傘を用いて生きのびることなどは夢にも考えていなかったから、用意はしなかった」と述べているように、先に述べた支那事変、真珠湾攻撃および南方作戦のような大戦の初期・中期には、敵地上空での戦闘がほとんどだったため、「生きて虜囚の辱めを受けず」という戦陣訓の教えに従って、落下傘を使うことはなかったようである。

このことは、先に述べた真珠湾攻撃のときに被弾した空母「蒼龍」戦闘機隊の飯田房太大尉がカネオへ基地めがけて急降下し、自爆したことを見てもわかるだろう。

またミッドウェー作戦に参加した空母「蒼龍」戦闘機隊の藤田怡与蔵氏（海軍少佐）は回想録で、小さな弾丸が味方空母の方向から飛んできて自機の胴体下部に当たったとき、味方上空だったので、次のように落下傘で脱出したと述懐している。

「同志討ちは困ると思っていると、座席の下から白煙が出て来た。火災かと思ったとたん、座席内が焔につつまれた。

やがて機銃がはぜ出した。このままではじけている弾丸にやられると思って、落下傘降下を決意し、風防をあけて高度をとった。高度三五〇メートル、もうよかろうと、バンドをはずして体を外にのり出したが、風圧で上体がうしろにおしつけられて出られない。

ふと大分航空時代、先輩の佐藤中尉が落下傘降下したときの話を思い出して、足を前にかけ、横にころがり出た」「降下前、真下にいたと思った巡洋艦はかなり離れていたし、戦闘運動中で全速で走っているので、一生懸命に手をふったが、そしらぬ様子で遠ざかって行った」

結局、藤田氏が味方の駆逐艦「野分《のわけ》」に救助されたのは、四、五時間後のことだったようである。

また今年の三月三十日に、靖国神社で開催された「公益財団法人　特攻隊戦没者慰霊顕彰会」主催の「第三十四回特攻隊合同慰霊祭」に参列した著者は、直会《なおらい》の席で元神雷部隊戦闘第三〇六飛行隊の零戦搭乗員だった野口剛氏（海軍上飛曹）から、「普段から零戦の座席の下には落下傘が備えられているが、敵地攻撃のときには落下傘を使わない。しかし、味方上空での戦闘の場合には、落下傘を落下傘バンドの金具に取り付けて出撃していた」という回答を得ている。

現に、野口氏は昭和二十年三月二十九日頃、鹿児島の桜島上空でエンジン不調となって編隊より遅れ、単機で先行する編隊を追っていたとき、遭遇したＦ４Ｕコルセア四機から銃撃を受けて被弾したため、落下傘で脱出しているのである。

以上のように、零戦搭乗員は、敵地上空のときには落下傘を使わず、味方上空のときには落下傘を使ったのが真相のようである。

零戦を中心とする特攻攻撃の戦果は甚大だった

このように、支那事変での初陣に始まって、大東亜戦争の緒戦（真珠湾攻撃からインド洋作戦まで）にかけて無敵の威力を発揮し、西欧列強の搭乗員たちを恐怖のどん底に陥れ、日本軍に圧倒的な勝利をもたらした零戦も、先に述べた米軍の新鋭機や新戦法の登場によって、貴重なパイロットの多くが失われ、戦力の低下を速めていくのであるが、この不利な戦局を挽回するために、日本海軍航空部隊が大戦末期に決行した零戦を中心とする特攻作戦は、世界を瞠目させる画期的な作戦で、戦後、米軍が発表した被害よりも、はるかに大きな被害を敵に与えているのである。

例えば、戦史研究家の原勝洋氏が平成十九年に、米国立公文書館で調査した米海軍の機密文書によれば、昭和十九年十月から翌年三月までの命中率は平均三九％、至近弾となって敵艦船に損傷を与えたものを含めると平均五六％にもなっており、四月の統計では一七三機の特攻機のうち、実に六一％（一〇六機）が命中し、一〇％（一七機）が至近弾となって敵に損傷を与えているのである。

当時の雷撃と大砲の命中率が二％前後だったことから見ても、これは素晴らしい戦果と言えるであろう。

現に沖縄戦では、敵機動部隊指揮官のニミッツ提督が五月上旬頃に、米本国統帥部に宛てて「沖縄上陸戦は、日本軍による特別攻撃機による損害がいちじるしいために、上陸を中止して他方面にむかいたし」と暗号電を打っていることから見ても、いかに特攻隊の戦闘ぶりが見事だったかがわかるだろう。

ちなみに、日本海軍の神風特攻隊が零戦を中心に構成された理由は、攻撃機では敵の防御線を突破して敵艦に雷撃を行うことが極めて困難だったからである。

そこで、考え出されたのが敵の直掩戦闘機をある程度自力で排除しながら、高い命中率を期待できる戦闘爆撃機としての零戦を使用することであった。

日本海軍航空隊が二十五年間に生産した飛行機数は四万三三九九機であったが、零戦は試作から終戦までに、その四分の一に当たる一万四一〇機が生産された。

その内、全体の一一・四％に当たる一一八八機の零戦が特攻機として出撃しているが、このことは、全海軍特攻機数（二三六七機）の五〇・二％に当たるため、言うなれば、海軍の特攻機の二機に一機が零戦であったことになる。

戦艦ミズーリに突入する爆装零戦

前出のトーマス海兵中佐が回想録で

『真珠湾からガダルカナル作戦の終わり頃までの「零戦」は米人パイロットたちにはとっては「街角に佇む妖げな婦人」たちであったと伝えられる。

事実、米人パイロットたちの考えている、いわゆるまともな飛行機では、あのような不思議な行動を想像することはできなかったからである。

「零戦」ほど、世界の話題になった日本の飛行機はない』

と述べているように、「零戦」に関する記事、ことに外国人専門家の批評や総合評価を見ても、零戦には、戦後六十八年経った「今日になっても、日本ばかりでなく広く世界の人々から賞賛と驚嘆の言葉を寄せられている」のである。

この勇敢な零戦と日本軍のパイロットを讃えた言葉はおびただしいが、その中でも代表的なものを取り上げて、次に零戦と日本軍のパイロットに対する世界の評価を見てみよう。

第五章　碧《あお》い眼が見た〝ゼロ・ファイター〟

リンドン・B・ジョンソン米大統領（元海軍予備少佐・大統領査察官）

アメリカの飛行機が、いまでも世界に冠たるものと考える者がいたら、それは愚かなことである。日本軍の戦闘機（零戦）は、まったくすばらしい。われわれが枕をたかくして眠ることができるのは、まだまだはるかに遠い将来のことだ。

アメリカの航空士については、私はただこれだけを言いたい。やれといえばやる、この点は立派だ。ただし、日本のパイロットの技術は、いまのところ、アメリカのパイロットよりも、だんぜんすぐれていることを忘れてはならない。

アンダーソン海軍大将（米海軍作戦部長）

国防省の首脳は、軍の幹部は必要をはるかに上回る性能の兵器を好む傾向があるといってわれわれを非難するが、われわれは過去の苦しい経験から二つの対抗者の間の一見些少な相違が実は重大な結果を生むことを身にしみて学んでいる。私はその関係を数字や点数で表現する方法を知らないが、それがいかに重要であるかは戦争の歴史に書かれていることだ。

過ぐる太平洋戦争のはじめ、日本の「ゼロ戦」は、われわれのどの戦闘機よりも運動性と行動力でまさっていた。その差は（数字的には）非常に大きなものとして、わが国のパイロットと航空機の損害、および「ゼロ戦」が護衛してきた雷撃機や爆撃機による味方の艦船の損失は極めて重大であった（一時はアメリカは太平洋の土俵を割るかという瀬戸際に立った感じがしたらしい）。

「ゼロ戦」のもっていた優差、拳闘のチャンピオンが相手より一インチ長いリーチ（攻撃がとどく深さ）をもっているのにたとえることができる。航空機の場合、ひじょうな強さを示すものでも、一般的に個々の性能の数字で見れば、大した差ではないのである。われわれはこの小差の集合から生まれる優差をわが手に握る必要があるのだ。

クレア・L・シェンノート陸軍少将（アメリカ義勇兵部隊指揮官）

英空軍のパイロットたちの戦術は、ドイツ軍やイタリア軍にたいしては、すぐれた実績をあげたが、カルワザ的な日本軍にたいしては自殺行為であった。

サミュエル・E・モリソン博士（ハーバード大学教授・海軍少将）

午前九時半ごろ、ワルドロン少佐は水平上に、二スジの煙をみとめた。南雲艦隊である。日本側の見張員も、十五機の編隊を発見したが、これがホーネットの第八雷撃隊であった。護衛戦闘機は、はなればなれになっていた。

そこへ死物ぐるいでやってくる、おそるべき零戦隊に、四方八方からとりこまれてしまった。対空砲火の弾薬は、ジグザク運動をして回避する日本部隊の艦影も、ほとんど見えないほど厚かった。

近距離よりの突入が行われた。翼や機体に大きな穴があき、索条は切断され装備はこわされ、パイロットや砲手はつぎつぎに戦死した。一機、つづいて一機、また一機と、またたく間に十四機までが、零戦のために海中に撃墜され、炎上して沈んでいった。対空砲火がパイロットの顔面を焼きこがし、機体を引き裂いた。

……このときをねらって、零戦隊が第六雷撃隊に殺到してきた。それはまるで、台所のゴミ箱に密集する、蝿の大群ににていた。たちまち、リンゼー機をふくみ、魚雷を抱いたままの十機が、瞬間に打ち落とされてしまった。辛うじて四機が魚雷を発射したが、一本も命中しなかった。

ヨークタウンの一隊——デヴァステーター十二機、ドーントレス十七機、ワイルドキャット六機——は、十時に目標を発見した。彼らは、今度は護衛機をともなっており、エンタプライズの艦上機もくわわっていたが、零戦隊はその十六機よりも、二倍もまさっていた。

快速の零戦は、一撃で三機のワイルドキャットをかたずけると、雷撃機のあとを追いかけた。……こうして米国空母を発進した四十一機の雷撃中、わずかに生還したものは、六機にすぎなかった。八十二名のパイロットのうち、すでに六十九名までは戦死し、そのなかには三名の指揮官もまじっていた。

フランシス・R・ロイヤル空軍大佐（米第五空軍作戦局長）

一九四二年七月四日の午前十時三十分でした。入電で、ポートモレスビーに日本機が大量に侵入してきたことを知りました。「日本戦闘機来襲！」

基地いっぱいに鳴りわたる警報と、「準備急げ」の命令が腹にひびきわたりました。出動準備はたちまちに成り、米空軍の低高度における優速戦闘機P-39、二十四機が始動し、迎撃のため、つぎつぎと離陸して行きました。

われわれの目標は高度六、八〇〇メートルで、この高度における視界はずばぬけてよく、はるかに前方をかすめるちぎれ雲をみとめているていどで、これという障害はありませんでした。零戦隊にはすぐに接近しました。零戦隊をみとめたとき、すでに、攻撃は開始されていました。私はもっとも戦闘に有利な態勢をねらって突撃にうつりましたが、いちはやく、零戦隊もわれわれをみとめ、やや上方からつっこんできました。

戦闘に有利な態勢、すなわち太陽を背にした私は、まず先頭の指揮官機らしい零戦に対してようしゃなく射撃をつづけましたが、零戦はさすがにその訓練ぶりを見せて、われわれをたくみにかわし、とくいの奇襲戦法で、逃げるとみせて反転し、攻撃をしてきました。

この一つをみてもわかるように、零戦隊の操縦技術はたしかに推賞に値するものだったと思います。

……高々度における零戦の攻撃力は実に優秀であったと思いますが、低空ではP－39の方が有利という教訓を得ました。しかし、武装においては零戦のひとり舞台であったことは認めます。

……仲間の話では、零戦、隼の別なく、パイロットの腕のよさには、特に尊敬の念をいだいているようです。もちろん私もその一人です。

ほんとうに日本人パイロットには練達の士がいました。もしこれが戦争でなく、平和なときに、操縦技術をたがいに競いあうことができたら、どんなに楽しい思い出となったか、惜しんでもあまりあるものがあるほどです。

ジョン・N・ユーバンク米空軍准将（米空軍戦略空軍司令部作戦部長補佐代理）

米国内で、日本軍が空では米軍の相手ではなかった、といいふらしているやつはバカだ。われわれが、ニューギニアやラバウル上空でお目にかかった日本軍は、ただのパイロットではない。かれらは操縦桿を握った鬼だ。かれらは実に強かった。米軍が精鋭をことごとくつぎこんで、必死のつばぜりあいをやっていたことは、まったく疑いない事実であった。

そして、ラエの日本軍基地はひどいところだった。山系をこえて一歩ふみこむと、まるで、あつい炭火の上にのせられたようなものだった。……それはひどいものだった。まったく、ひどかった。ここの日本軍パイロットは、なんともまったく、つよい連中だった。

ジミー・サッチ海軍少佐（米空母「エンタープライズ」第六戦闘飛行隊長）

（ミッドウェー海戦で）われわれが生きて帰れたのが不思議だ。なんとか任務を果したのは敵の射撃が下手だったのと、ときどきへまをやらかしたからだ。なんとか零戦に照準を合わせられるのはうまくひっかけて照準をくるわせ、立ち直ろうとするところを別のＦ４Ｆが狙うようにしたときだけだ。

ジョン・M・フォスター米海兵隊大尉（第二二二海兵隊戦闘飛行隊）

日本軍は零戦《ジーク》と飛燕《トニー》と両機を組み合わせて編隊を組み始めていた。仮に零戦を急降下で振り切ったとしても、今度は飛燕が追従できた。また、旋回や急上昇で日本機から逃れようとすれば、全速力で長いゆるやかな上昇でもしないかぎり、両機はやすやすとアメリカ軍機を凌駕した。

いやはや、アメリカ本国の人たちはこの飛行機についてのこのような情報を全く知らされていなかった。私たちパイロットでさえ、アメリカ軍機の優越性だけを聞かされてきたのだった。しかも、情報部の報告もそうだったのだ。この領域での私たちの真の優越性は悪戦苦闘の末に獲得しなければならなかった。

……初めての空中戦から戻ってきたパイロットたちは人が変わったようになっていた。一時間もたたない前には彼らは全員、日本軍のゼロと戦うことに気をもみ、かつはしゃいでいた。だが、今や彼らはもはや戦闘を論じ合って頭を使うことをすらしなかった。

「俺は生涯、もうゼロなんかに会いたくないよ。俺がやつの真後ろから、一撃喰らわすことなどありえんからな！」

「二度と、俺はゼロなんか見たくねえ。終わりだよ」

「それは君、すごいスリルだぜ。操縦席の脇をかすめる二〇ミリ機関砲弾の火の玉を見るのは！　手を伸ばせば、一つぐらいつかめそうな感じだぜ、君。一発背後の装甲板にでも喰らってみろ、まるで、何か、座席の後ろから野球のバットでぶん殴られたような音がするぜ、君」

「彼らの七・七ミリが飛行機に当たる時なんか、霰《あられ》が降っているような音がするよ」

「俺の機銃は一挺を除いて故障しやがった。それも、丁度絶好の射撃チャンスにだ」

「みんな！　俺の一発が命中して、爆発し、でかい火の玉となったのを見た者はいないか！」

「俺が仕留めた機のパイロットなんか、パラシュートを持たずに跳び出したぜ、こりゃ猛烈だぜ」

「やつらが飛んでいるときの変な編隊をみたかよ。爆撃機につき添うため速度を落とそうというわけで、宙返りやゆるい横転を、彼らの上空のいたるところでやってさ！」


アイラ・C・ケプフォード米海軍中尉（米海軍第十七戦闘機隊）

一九四四年二月十九日の出撃が、私にとっては、もっとも忘れ難い日となった。

この日、私は、当日の第一回出撃隊の一員として、早朝に準備をととのえた。

……二〇機の大部分が地上銃撃を行い、わずか四機が、上空を直衛することになった。

……午後八時、濃紺色のコルセア二〇機はトロキナから快晴へと離陸した。太陽を背に、編隊は一七〇ノットのスピードで高度をとった。コースは三二〇度。行手のラバウル方面には、真っ白な雲が見える。

……前方を見終わり、上方に目を向けた瞬間、全身が凍りついた。

点、点、点――ものすごくたくさんの機影だ。敵にちがいない。敵は、私とトロキナ基地の間に、優勢な高度で飛行している。しかも、私は、たった一機なのだ。

これ以上の不運な態勢はない。私は、点の計算をつづける。十機、十五機、二十機――近づくにつれて、数はますますふえるばかりだ。三十機、四十機！ ゼロ戦の大群だ。

私のとるべき途はただ一つだった。それはゼロに発見されないうちに、逃げられるかぎり逃げることだ。私は機首を下げると、海面にむかって、下降しはじめた。ゼロの編隊は太陽にその機影をはっきり見せながら、そのまま前進をつづける。私の機に気がつかないのだろうか？

……ゼロが四機、編隊からはなれて、私を目がけて降下してくる。逃げろ！ 私はコルセアを垂直旋回させると、北にむかって、つまり、トロキナ基地の反対へ、逃げだした。海面がぐんぐん近づく。しかし、ゼロ戦はダイブスピードを利用して、距離をちぢめてくる。

私は、スロットル・レバーについている銅線を見つめた。この銅線は、スロットルが過分に開かれないためにつけられているが、これを切れば、水がエンジン内に噴射されて、一時的に馬力を増大する。緊急時にだけ、この銅線を切ることが許されているのだが、いまこそ、緊急時ではないか！

私は全身の力を左腕にこめて銅線を切った。エンジンは、ちょっとの間、止まったようになったが、やがて猛烈にうなり出した。

コルセアは、びりびり震動しながら、海岸線を、そして密林の上を、ロケットのように飛ぶ。だが、ゼロは、まだくい下っている。バーンと、コルセアの後部に命中弾の手ごたえがくる。三〇〇ノット以上で、水平に飛ぶコルセア——だが、ゼロの追尾はつづく。ついにニューアイルランド島を縦断した私の機は、海面に出てしまった。

ふりかえると、ゼロはまだついてくるが、もう弾丸は飛んでこない。ついに、緊急時の水噴射によるエンジン馬力増加で、コルセアは、距離差をあけることに成功したのだ。こんなときのために、私の機は、機体全面をワックスでみがき上げてきたのだ。

……ほっとした私は、左後方を見た。反転中に他の二機のゼロとの距離が大きく開いたためか、ゼロの機影はなくなっていた。

過熱したエンジン、残りすくない燃料、そして、恐怖の四時間——これらは、二十五才の大学出身パイロットにとって、あまりにもコタえた。私は、半分無意識のうちにトロキナに帰投すると、その日の午後から、翌日までねむりつづけた。

……三ヵ月ほどたった一九四四年五月、アメリカ海軍は、特別新聞発表を行った。その見出しは、「エンジンへの噴射装置により、海軍のエース命拾い」というものであった。

この水噴射装置は、海軍が採用したばかりのもので、私が、命がけでその威力を実証するまでは、あまり高く評価されていなかったものであった。陸軍も、やがて、同装置をとり上げるようになったのは当然である。

W・D・モンド英空軍中尉

日本海軍が零戦をはじめて使用したのは、一九四〇年春の中国戦線だった。一九四一年八月はじめ、零戦の性能の情報が米空軍司令部に正式に送られたが、その情報はついにとどかなかった。また中国語で書かれた零戦のくわしい説明書が、シンガポールにとどいた。しかし、この報告は、その後、書類の綴込みの中にまぎれこんでしまったらしく、利用されずにどこかになくなってしまった。

日本には零戦というかなりよい戦闘機があるらしいが、生産力が問題にならない。他の日本機では最高速力がせいぜい二四〇キロ／時、上昇限度は五千メートルどまりだから、そんな敵機と戦うのは、まるでピクニックのようなものだ、という感じをもっていた。米国も同様だった。

……一九四二年一月二十日、護衛機なしの日本爆撃機隊二十四機がシンガポール上空に出現した。舞い上がったハリケーンはたちまち、その五機をうち落した。クアラルンプールから陸上軍が後退したときいて落胆していた市民たちは、この幸さきよい戦果こそ、待望の戦局好転の前兆であろうと喜びわいた。

しかし、その希望は、無残にもうちくだかれてしまった。日本爆撃隊は、ふたたびシンガポールを攻撃したが、こんどはなにしろ零戦隊をともなっていた。

この日の空戦で、零戦は一機も損失を受けずに、英空軍じまんのハリケーンを五機つづけざまに叩きつけて、その優秀な性能をしめしたからだ。高空ではともかくとして、低空で攻撃してくる零戦に、ハリケーンはてんで歯が立たなかった。

ロンドンの空軍参謀本部ではすでに零戦のおそるべき威力を思い知らされていたが、これに対抗する機種をおいそれと送ることはできなかった。スピットファイアは英本土防衛に手一ぱいで、とても極東まではまわらなかったのである。

残ったわずかの戦闘機が、孤影悄然とシンガポールをあとにスマトラをさして落ちのびたのは、昭和十七年二月十日のことだった。

ウイリアム・ポール（オーストラリア空軍のパイロット）

われわれの目的は、この新鋭機〝スピットファイアー〟を駆って、宿敵〝零戦〟と一騎打ちを果たすことであった。これまでの米陸海軍の戦法では、速力のみを頼りにした一撃離脱を得意としているようであったが、零戦に対してはこの方法はあまり有効ではなかった。空中戦においては、対爆撃機攻撃法をそのまま対戦闘機に利用することは、特に零戦に対してはまったく無謀といえよう。われわれが英本土で習った空中戦闘は、まったく零戦を仮想敵としての格闘戦、つまりドッグファイトに終始した。

……日本機は久しく鳴りを静めていたが、待ちに待ったその日がついに来た。五月二十日、零戦三十機に護衛された双発の爆撃機二十一機が、堂々とダーウイン目指してやってきた。

私はこのとき離陸した三十二機の〝スピットファイアー〟の一機に運よくも乗り合わせたのであるが、正直いって初めての零戦との格闘は無我夢中であったといってよい。最初上空から突込んだ一撃が軽く外され、上昇反転からさらに他の一機を狙っているとき、早くも背後から一連射を浴びせられた。幸いこの弾跡はプロペラの前方に消えたが、その威力は相当のもののように思えた。私は僚機と作戦通り一機の零戦に対してあくまで追撃をかけ、何べんかの急旋回をくりかえして、最後の一撃でようやくその左翼から火を吐かせることができたが、それはとてもとても長い時間の末のように思えた。

……日本のパイロットは、特に視力と瞬間の決断力にわれわれより優った能力をもっているようだった。

調査の結果、われわれは零戦五機、双発爆撃機一機を撃墜、味方は〝スピットファイアー〟十三機喪失であった。防空戦闘機としては立派な敗戦である。どうしてこんな結果になったのか、私には不思議であるが、敵は爆撃が終わるなり、サッと引き上げたところを見ると、目的は軍事基地と艦船の撃破にあり、空戦による戦果は副産物であったらしい。それだけに〝スピットファイアー〟十三機の損害には愕然とした。

……日本の戦力は、すなわち零戦の戦力そのものであったのである。これを逆にしてみても、なるほどとうなずかれるであろう。しかし、零戦が極東で生まれた飛行機の最高の、否おそらくは二度とふたたび現れることのない、永久に記念すべき名機であることは言をまたない。

グレゴリー・リッチモンド・ボード（英国空軍第四十三中隊）

われわれは、この戦闘で初めて『バッファロ』の戦闘機としての実力を思いしらされた。零戦にくらべて、速力・上昇力・火力・運動性、すべての点でおとっている。そして零戦が、戦闘機の教科書にかいてある、あらゆることをかるくやってのけられるのにくらべて、『バッファロ』はまことにみじめな戦闘機だったということであった。

……けっして忘れることのできない戦闘だった。零戦は、われわれ十三機の『バッファロ』のうち十一機を空中でコッパみじんにした。もう一機とわたしだけが着陸することができた。

……零戦がやってきて、すべてをひっかきまわす。そのあとは万事うまくいかない。われわれは、日本軍よりもひと足さきにジャワをでてインドへいった。そこで、われわれは、もう一度、戦闘機に乗ろうとおもったが飛行機がない。いったい、どこで、いつ、われわれは日本軍をくいとめられるのか、だれにもわからなかった。

バズ・ワグナー（米陸軍航空隊第六十七戦闘中隊）

日本軍の零戦とわれわれの戦闘機とのあいだでは、公平な戦いというものはめったにない。わずかに、われわれの戦闘機が装甲と防弾装置ですぐれていたことで、すくわれていた。ガダルカナルの連続的な激戦のあいだ、われわれは旺盛な士気をもちつづけた。しかし、あすもまた、零戦が上空たかく太陽を背に猛攻をかけてくることを知っているパイロットにとって、それは長い、苦しい期間だった。

ハーバート・リンゴード（米軍のテスト・パイロット）

日本は、性能のいいエンジンを装備した軽飛行機が好きだ。だから、ゼロと低高度反転をともにしたり、まきこまれたりするのは禁物である。

また小さな宙返りをすると、こちらが水平になったときは、向こうはもう尻にくっついていることになる。だから、こちらは高々度にもっていくことと、防弾装備と火力をうまく生かさなければならない。

マーチン・ケーディン（米国の航空記者）

自国の旧式の飛行機は日本海軍の敏捷で高速の零戦の前に、蠅のように落ちて行った。

ここで、しばらく、この驚くべき戦闘機について、もうすこし説明を加えよう。「驚くべき」といったのは、われわれは、そもそも日本人にこのような飛行機がつくれるなどとは信じようとはしなかったからである。そしてそれと同じくらい驚くべきことは、零戦が敵のあらゆる飛行機を効果的になで切りにしたことである。日本人はこの戦闘機のなかで、量ならびに質の優秀性を最大限に発揮した。彼らは、質を高めることによって、量的な優位性をも高めた。

この日本の戦闘機は、敵のどの飛行機よりも高速であった。それは連合軍のもっていた戦闘機のどれよりも操縦性においてすぐれていた。それはアジア太平洋地域全体のどの飛行機よりも上昇速度ですぐれ、高度での戦闘ができた。それは、アメリカの標準戦闘機Ｐ40の標準戦闘航続距離の二倍を有し、相手に猛烈なパンチを喰わせる機関砲をもっていた。零戦の操縦士は中国戦線で戦闘技能を磨きあげ、われわれの操縦士にたいするこの明確な優秀性を極限に高めた。この日本空軍力の至宝にたち向かった操縦士の多くは文字通り自殺飛行を敢行したのであった。

このような初期の暗い何ヵ月かの間にも敗北の暗い夜が、ときおり防衛者側の英雄的行為の火花――そして瞬間的な勝利――によってパッと明るくなることもあった。それは一時的に敵の急進撃をくいとめるに十分であった。しかし、ただ一時的にくいとめるにすぎなかった。
われわれの闘った空中戦は、残酷で、うちのめされるようなひどい戦闘であった。

ロバート・C・ミケシュ（米スミソニアン航空宇宙博物館館長）

零戦の脅威は中国空軍全体にしみわたって、もし零戦が現れたらという恐怖のために、中国機は容易に攻撃をかけられなくなり、日本軍の単発爆撃機はもちろん、重鈍な陸攻や双発爆撃機も、抵抗をほとんど受けないで爆撃できるようになった。
……これらの交戦の結果から、中国空軍は零戦がきわめて強力な戦闘機であると判断し、また中国戦闘機のパイロットたちが零戦を不敗の戦闘機と思いこんでいることから、日本機に対する迎撃作戦はほとんど行われなくなった。こうして日本軍は、中国の戦線でのほぼ全域にわたる航空優勢を確保した。制空権を握ったことで各種の爆撃用機は、相手を恐怖におとしいれる零戦の護衛を受けながら、中国のどんな地域へも意のままに攻撃をかけられるようになった。一九四〇年八月十九日いらい年末までの四カ月間に、零戦は二十二回の作戦を実施、のべ一五三機が出撃して、中国機五十九機を撃墜したほか一〇一機を地上で破壊するという、大きな戦果をあげた。そして、これだけの戦果を記録しながら、零戦隊の損失は一機もなかった。

一九四〇年十月から翌一九四一年（昭和十六年）の四月までの六カ月間、九六陸攻を装備する各航空部隊は部隊の再編成を行うために、日本内地へ引きあげていった。この間、零戦は中国大陸において、戦闘行動半径の限られた日本海軍の単発爆撃用機（愛知・九九式艦上爆撃機および中島・九七式艦上攻撃機）や九六艦戦をしりめに、その長大な航続力を生かして、中国のどの戦線へも攻撃をかけうる唯一の日本機となった。そして各戦闘で、零戦の搭乗員は中国空軍パイロットを空戦に引きこんで、いともたやすく撃墜し、一方的な高性能を見せ続けたのだった。

J・W・フォーザード（英国のホーカー航空機会社の計画設計主任）

西欧人は、日本人が模倣に終始していたように思いたがるが、日本の代表的飛行機零戦の詳細を知れば、それがあやまりであることをさとるであろう。

その例として、くり返し変動負荷の組みあわせに対する主桁の寿命の研究や、フラッター風洞模型の力学的相似性の認識が、当時すでに日本ではじめられていたことを挙げることができる。

なかでも、われわれ西欧の水準から見て、もっとも驚嘆にあたいする工学上の構想・手法は、操縦系統の剛性を計画的にひき下げる考え（Reduced Rigidity Concept）であろう。この独創的構想によって、低速時の昇降舵の効きをそこなわずに高速時のG当たり操縦桿の動きを適当に増し、むずかしい操縦感覚の問題をみごとに解決している。

ウィリアム・グリーン（英国の航空評論家）

第二次大戦において零戦は日本にとってすべてであった。それはちょうど〝スピットファイア〟がイギリスにとってすべてであったことと同様である。零戦は日本軍の作戦を象徴し、零戦の運命は日本国の運命と同じであった。

零戦は太平洋戦争の初期に連合国軍の航空兵力を壊滅させることによって、〝無敵日本軍〟という神話を創り出した。

緒戦において零戦がすべての主要な戦闘に参加したことから、連合軍には日本のこの傑出した戦闘機の補給力は無限であるように見える。そして、その神秘的な運動性と長大な洋上行動力とは、連合国の人心に〝無敵零戦〟の神話を信じ込ませるような強制力をもっていた。

日本軍の敗退は零戦の敗退をもってはじまり、零戦が刀折れ矢尽きたとき日本の力も尽きた。

スピットファイア、メッサーシュミット一〇九、サンダーボルト、零戦、その他全ての戦闘機は、各各《それぞれ》それを生み出した国の国民性と国情とに直結する性格をもっていた。

しかしながら、零戦だけが各国の代表選手とはちがうのは、陸上戦闘機に打ち勝つ性能をもった世界最初の艦上戦闘機という点で、海軍航空に新紀元を画した飛行機という命をもつことである。("Famous Fighters of the Second World War")
零戦は、海軍航空界に、新時代の到来をしめすものであった。それは陸上基地の相手を打ち負かすことのできる最初の艦上戦闘機であった。
それは神話――〝空では日本軍無敵〟という神話をつくりだした。そして、それが太平洋戦争初期に連合軍航空兵力のほとんどを撃破したことの結果として、日本自身が、いけにえとなっていく神話でもあった。
その最盛期において零戦は、世界の最先端をゆく艦上戦闘機であり、そのパール・ハーバー上空への出現は、米軍にとって大きなおどろきであった。戦争初期、零戦がどの主戦場上空にもあらわれたことは、日本軍がこの優秀な戦闘機を、数かぎりなく持っていることをしめすかのようにおもわれた。そして、この神話的ともいえる空戦性能と、長い海面をこえて飛べる能力が連合軍将兵の心のなかに、その〝無敵〟の神話をうえつけ、そだてあげたのであった。

ブライアン三世（**アメリカ人**）

ミッドウェー基地を飛びたったワイルド・キャット五機、バッファロー二十機の上空直衛中、帰ってきたものは十機、そのうち搭乗員の六名は負傷し、ふたたび戦闘にたえうる戦闘機は二機にすぎなかった。

それほど零戦の威力は大したものだった。速力、上昇力、行動力など、あらゆる点でいままでわれわれが見たこともないようなクセ者であった。二機の味方バッファロー戦闘機が一機の零戦と戦っているのをみたが、まるで綱でしばられて、振りまわされているようであった、とある搭乗員はにがにがしげに語った。

このようなにがい経験から、ソロモン戦の前半期までは、零戦は単機戦では相手にしてはならないおそるべき敵手と、アメリカ側から見られていた。

デヴィット・A・アンダートン（米国の『エヴィエーション・ウィーク』誌の技術記者兼編集者）

やがて（開戦の翌年六月アリューシャンで入手した）零戦の飛行試験をふくむ長期の入念な調査がはじめられた。その結果、アメリカ人とアメリカの飛行機会社とは、いままで馬鹿にしていた皮膚の黄色い矮小な日本人がほんとうに第一流の飛行機を創り出したことを知って愕然とした。

ある著名な軍事評論家は一九四六年に「日本人はチャンスヴォート飛行機会社から購入した戦闘機を零戦のモデルとした。零戦は秘密のしかけをもったナゾの飛行機でもなんでもなかった」と言っているが、私はこれは大ちがいの独断、偏見の骨頂だと思う。

私はいままでアメリカでウワサにのぼったすべての飛行機と、零戦とのあいだに直接の関係のないことをはっきり言える。

米陸軍航空戦史

Ｐ四〇はそのままでも、日本軍戦闘機（明らかに零戦を指す）よりダイブの性能に優れており、水平飛行で優速であり兵装も勝り、いいところがあった。しかし敵は、航続距離に優れ、上昇力に勝り、操縦性がよかった。米軍パイロットにとって、これと格闘戦を敢行するのは自殺をすることであった。

日本の戦闘機は海軍のゼロ戦が代表的なものだった。最高時速三五〇マイル、二十ミリおよび七・七ミリ機銃を備え、きわめて操縦性のすぐれた優秀機だった。その上、航続距離は補助タンクを使用して驚くほどのびていた。

こんな素晴らしい戦闘機に対しては、二万フィートの高空をのぞいてはバッファローやハリケーン二型はとても太刀打ちできるものではなかった。それは一万三千フィートに達するのに零戦の四・三分に対しバッファローは六・一分。速度は一万フィート上空で零戦の三一五マイルに比べ、バッファローはやっと二七〇マイル。二万フィート上空でようやく両者の速度はひとしくなる。

こんな性能で零戦に対抗しようというのは無謀という勇敢さに頼る外はない。

米海兵隊航空戦史

この頃、日本軍の零戦は、後日原爆がそうなったように一種の畏怖すべきものであったということを、忘れてはならない。これまで米軍戦闘機パイロットは、明らかに劣等感を抱いて戦闘を行っていたようである。零戦は、西欧的な理解を超越した一種の悪霊のようなものであるという説が、バターンや初期のニューギニアでの戦闘の後で、太平洋方面から米本土に伝わっていた。

日本軍戦闘機隊は、珊瑚海々戦やミッドウェー海戦でも負けていなかった。これらの海戦では、戦闘機対戦闘機の空戦といっても、陸上を基地とする米軍戦闘機と母艦機たる零戦との戦いにすぎなかったからだ。

海兵隊は、その後の戦争を通じ基本的戦法として残った独自の戦法を造り上げた。

それは、零戦がやって来ないうちに、爆撃機隊に対し、一航過の直上反航攻撃または側上方攻撃を行い、零戦がやって来たらそれに向かって一連射を浴びせて、さっとダイブして帰投する。

もちろんいつもこんなふうにうまく行くわけではない。ときには優速で上昇に強い零戦に、格闘戦に捲き込まれてしまうことがある。

こんなときには、パイロットはだれかが後尾にくっついている方の飛行機をやっつけてくれるのを祈るよりほかはない。たいていの場合、後尾にくっついている方が零戦であることに間違いないからである。

ある米軍パイロットは、

「零戦はわれわれよりも運動性がよいし、上昇力も優れ、速度も速い。零戦一機対グラマン一機では勝ち目がない。しかし、相互支援のグラマン二機なら、零戦四乃至《ないし》五機に対抗し得る」

といっていたが、それ以後二機毎に相互支援をする隊形が急速に発展した。

米陸軍航空隊第六十七戦闘中隊の記録

F4F「ワイルドキャット」が上方からやってきて、零戦を攻撃した混戦がはじまった。どこへいっても零戦がついてくる。ピュッピュッと撃ってくる。旋回してまっすぐ急上昇するかと思うと、まったくの垂直旋回をする。第六十七中隊のパイロットは、その重い動きのにぶいP400では、身の軽い狼に、いたるところから襲われている牛の群れのような気がした。

零戦を振り離すことは不可能であった。方法はただ一つ、雲の中にとびこむことである。そして計器によって上にでる。相手がとびかからないうちに射撃をこころみるだけしかない。空いっぱいにP400は雲をもとめて飛んだ。二機か三機の零戦がそのあとを追っている……だが、われわれは爆撃機がのぼれるほど、高くは上昇できるわけはない。われわれは二人のパイロットと飛行機の半分を失って、すでに知らされていたこと、零戦とは空中格闘戦はできないということを立証してしまった。

『動乱の十年』

P38ライトニングと、F4Uコルセアが、一九四三年初頭に到着するまで、連合軍側には、ゼロ（一一型）の上昇力と、旋回性能に匹敵する戦闘機がなかった。

サタディ・イブニング・ポスト紙

クセ者という言葉が、そのままアテはまるのが零戦である。速力・上昇力・行動力等あらゆる点で零戦はたしかにクセ者だった。二機のバッファロが零戦と戦っているのを見たが、まるでツナでしばられて、逃げられないという歯がゆさだった。

ニューヨーク・タイムズ紙

第二次大戦における日本の航空戦の運命は、大部分零戦——本機は一九四一年の連合軍のどの飛行機よりも優秀だった——にかかっていた。

ニューヨーク・ヘラルド・トリビューン紙

史上最大の海空戦における日本の初期の作戦は、大部分ただ一つの新兵器——すなわち零戦——の成功にかかっていた。

リッチモンド・ニューズ・リーダー誌

第二次大戦の前半における日本軍の成功の主たる原因は、零戦——われわれのどの飛行機よりも優越していた——にあった。

サタデュー・オブ・リテラチュラ誌

緒戦において、パールハーバーからセイロンにわたって、敵をたたきのめしためざましい日本海軍機動部隊の圧勝と、それに導かれた西南太平洋域への日本軍の爆発的な占領地域拡大は、世界を震駭《しんがい》させた。その根源はまったく零戦にあった。

アトランタ・ジャーナル・アンド・コンスティチューション誌

零戦にかかっては、旧式なわれわれの軍用機はハエのように撃ちおとされた。まったく本機の連合軍空軍に対する優越は圧倒的だった。

ジャクソン・クラリオン・レジャー紙

零戦は第二次大戦最優秀機の一つで、日出ずる国の勝利のシンボルとして、もっとも大事な時期にたよれた飛行機であった。

ラレイ・ニューズ・アンド・オブザーバー紙

日本の勝利の座は圧倒的だった。それをささえた零戦は一九四三年はじめまで太平洋戦争における最優秀の戦闘機であった。

ロング・ビーチ・インデペンデント・プレス紙

有名な強力な三菱零戦――第一回戦における最優秀の軍用機。

キング・スポート・タイムズ・ニューズ紙

零戦はその優秀な速度、上昇力、運動性、火力によって日華事変を通じ、かつ太平洋戦争で一九四三年まで、敵を圧倒していた。

タルサ・ワールド紙

堀越は日本に、勝利のシンボルであったすばしっこい、おそろしい零戦をあたえた。

サンフランシスコ・エギザミナー紙

零戦は緒戦における日本の勝利のシンボルだった。

第六章　日本と世界に生きる零戦の遺産

零戦にモデルはない

前出のデヴィット・A・アンダートンは、「エア・トレールズ」誌の中で昭和十七年六月に、アリューシャン列島で鹵獲された零戦を見た「アメリカ人とアメリカの飛行機会社とは、いままで馬鹿にしていた皮膚の黄色い矮小な日本人がほんとうに第一流の飛行機を創り出したことを知って愕然とした」が、「私はいままでアメリカでウワサにのぼったすべての飛行機と、零戦とのあいだに直接の関係のないことははっきり言える」と述べている。

筆者は、さらに続けて「それでは零戦は日本のそれまでの、すべての飛行機とちがってまったく日本人の独自の設計の所産であろうか、日本人の頭からアメリカのどの戦闘機よりも優秀な戦闘機が急にうまれて太平洋を制圧したわけはどうしても腑に落ちない。これは自分をふくむ一般のアメリカ人にとってまったくナゾである、と自問自答したのち、一九三〇年代のなかばごろイギリスのグロスター社が試作した戦闘機（〝スピットファイアー〟の競争試作機の一つ？）だけが、三面図で零戦に似ている」と述べ、「この飛行機が零戦になんらかの影響をあたえたことはないだろうか」と結んでいる。

堀越技師は、この意見に対して「エア・トレールズ」誌の一九五〇年四月号に、「日本の航空技術の歴史を説明し、日本の航空技術は――すくなくとも機体はプロパーの設計にかけては――零戦より一代前の九六式で世界水準に追いつき、一九三〇年代のなかば以後日本の機体設計者は、すくなくとも基礎形的な面では、外国の飛行機を模倣してトクになるとは考えなくなった」

と反論して、零戦は単なる外国機の模倣ではないことを強調している。

では、零戦の独創性とはいかなるものであろうか。

零戦の独創性とは何か

著者が第二部の第四章で、「零戦が大東亜戦争で果たした戦略的な役割と、その歴史的意義」について述べたように、この大東亜戦争の目的の一つであったアジアの解放を実現する上で、主役以上の役割を果たした零戦の独創性については、前出のJ・W・フォーザードが「ジャーナル・オブ・ザ・ロイヤル・エアロノーティカル・ソサエティ」誌（一九五八年十一月号）の「ライブラリー・レビュー」に、堀越二郎・奥宮正武共著『零戦——日本海軍航空小史』（日本出版協同、昭和二十七年）の技術部分を収めた英訳版『THE ZERO FIGHTER』を読んだときの所見について、次のように述べている。

『我々は、日本の技術者が創造よりも模倣に秀でているという一般論に馴れているので、「零戦」を読んで、日本の航空技術がかくも進んでいたことを知ったのは、ちょっとショックだった。

例えば、昭和十六年、零戦の試作第二号が事故を起こした後で、海軍航空廠は零戦に、Gの自記記録装置を取りつけて、統計的に空戦状態における加速度の記録をとっている。

この記録資料は、翼主桁の疲労による寿命の推定、および繰り返し重荷が加わる場合の主桁の寿命の研究に利用された。なおその上に、早くも昭和十六年には、すでに力学的に相似の模型を作って翼のフラッターの風洞実験を行っていたが、技術上最も驚くべきことは、高速時において、加速度に対応する操縦桿の作動量を調整する方式を、昇降舵操縦系統に取り入れていた事実である』

この零戦の技術力に対するフォーザードの所見は、その独創的な技術力を高く評価したものであるが、それにもまして注目しなければならないのは、「日本の技術者は創造よりも模倣に秀でていると信じていたが、そうではなかったということを、零戦が事実をもって示した」という点であろう。

先のアンダートンの言説を見てもわかるように、確かに、『日本軍の飛行機は、すべて英米機の模倣であるときめつけた記事は一杯ある。現に米空軍戦史には何回も明瞭にそう書いている。だが知る人ぞ知る、終戦後十何年か経て、零戦の設計者堀越二郎技師の頭脳は、英米設計者の亜流ではなかったことが、英国の王室航空技術協会の専門家によって、正式に証明されたわけである。

この所見は「日本戦闘機怖るべし」の真の根底をなすものであって、皮相な「零戦怖るべし」とは、その怖ろしさの種類が異なり、もっとも根深いもの』なのである。

前出のマーチン・ケイディンも、その著書で「零戦は奇跡によって生まれたものではなく、むしろ血のでるような研究の産物である。この研究あってこそ、零戦は一九四〇年〔昭和十五年〕にはじまって実戦に使用されてから数年間も、敵機に絶対的な優位をかちえたのであった。これをたんなるマネとするのは航空機設計についての無知をしめすものにすぎない」と述べているように、フォーザードが指摘した以外にも、零戦には航空機の設計技術上から見ても、次のように非常に多くの先鞭をつけた箇所があることを忘れてはならないだろう。

例えば、九六式艦戦の設計製作の経験を生かして誕生した零戦一一型の引込脚ひとつ見ても、従来の陸海軍の戦闘機（九六式艦戦、九七式戦闘機）がどれも固定脚であったことを考えれば、いかに画期的で驚異のまとであったがわかるだろう。

陸軍で、最初に引込脚を採用した中島飛行機の隼が登場するのは、その一年後である。

次に、零戦のユニークな点は、日本の制式戦闘機の中で、初めて二〇ミリ機銃二挺と七・七ミリ機銃二挺の強大な武装を備えたことである。

先に述べたように、零戦の性能にあたっては、関係者の間で激論が交わされていたが、零戦の武装をどうするのかも、大きな課題であった。

「戦闘機と機銃との関係は、軍艦と大砲とのそれとまったく同じで、戦闘機の戦力が完全に発揮されるためには、機体、エンジン、機銃、この三者の優秀性が絶対的に保証されなければならない」からである。

「九六式艦戦は飛行性能を第一と考えて製作されたため、その兵装は、第一次世界大戦で使われた英国の七・七ミリビッカース式固定機銃二挺という、きわめて貧弱なものであった。飛行機だけはようやく進歩してきたが、機銃は第一次大戦そのままという、まことに情けない状態だったのである。

そのころ英国では七・七ミリ銃を多数搭載する方針で、試作機がつくられ、米、仏国では一三ミリに進み、ドイツでは二十ミリ、わが陸軍では七・七ミリ機銃を多数というようにまちまちであった。七・七ミリ多数がよいか二十ミリにするか論議されたのである（このころ海軍の機銃研究は、ひじょうに遅れていた）。

威力は、もちろん炸裂弾である二十ミリにあるが、飛行性能を向上させるために、もっとも軽量につくらねばならない戦闘機においては、機銃の重量が七・七ミリ銃の約三倍になり、携行弾数が十分の一に減るほか、発進速度と、弾丸の速度が遅いので、照準射撃がむずかしくなる。最初の二十ミリ機銃は、一銃四十五発の弾薬しか持ってないので、引金を引きっぱなしにすると、わずか五秒間で弾丸がなくなってしまう。

このため空戦における射撃可能時間は、きわめて短く、一戦闘機で数連射すると、時間にすれば一、二秒もあればよいほうで、五秒あれば十分に数回の戦闘ができることにはなる。そこで操縦者としては、この五秒の持ち時間では、はなはだ心細いものである。

しかし、七・七ミリ機銃は操縦者か、発動機または燃料槽のような致命部にあたるいがいは、致命的な打撃をあたえられないが、二十ミリ機銃なら、飛行機のどこにあたっても大きな穴をあけ、その破片が被害をあたえて二、三発あたれば大型機でも十分、撃墜できる可能性がある。

以上のような点が論議の焦点となり、七・七ミリ機銃は、第一次大戦の遺物であり、あまりにも貧弱なので二十ミリ併用ということに決まった」のである。

こうして、零戦の武装に採用された二十ミリ機銃の威力は、『当時の世界一流の単発戦闘機にくらべて、決してひけをとるものではなく、陸軍の試作双発重戦闘機キ四五（のちの二式複座戦闘機「屠竜」の原型）の武装量にも相当するものであった。

アメリカの〝ワイルドキャット〟は一二・七ミリ機銃四挺、〝ヘルキャット〟〝ウォァーホーク〟が同六挺、双発のライトニングでも二十～三七ミリ砲一門と一二・七ミリ銃四挺であったこととくらべると、「零戦」の武装は非常に強大だったといえる』のである。

また零戦は、「単座戦闘機にして初めて航続距離一八〇〇カイリという新記録をつくった」が、これは戦闘機として「九七式陸上攻撃機や一式陸上攻撃機の全航程援護に十分な航続性能であり、単座戦闘機としては、偵察機をのぞいて、世界にも類がなかった。

また、戦闘機として初めて、三翅定速ピッチのプロペラを採用、投下式増加燃料タンクを実用化したこと」など、技術上の新記録は非常に多いと言われている。

一方、堀越技師が九六式艦戦に採用した「翼端捩り下げ」を零戦にも採用して、「急旋回や急上昇時の翼端に発生する空気の乱れを防ぎ、零戦の驚異的な旋回性能を支えた」ことは、技術上から見て独創的なアイディアであったと言ってもよいだろう。

この零戦の格闘性能の高さを支えた「翼端捩り下げ」を持たない米軍の戦闘機は、翼端失速（翼端に触れる空気が、機体の急旋回や急上昇によって渦をまき、揚力が下がること）によって急旋回のときに、どうしても大回りになり、急上昇では失速している。

戦時中に、米軍が捕獲した零戦のテスト飛行を行ったことは既述したが、最後まで米軍は、零戦の主翼に隠された「翼端捩り下げ」に気づくことはなかったと言われている。

また零戦が一二試艦上戦闘機として計画されたころ、空技廠発動機部と中島飛行機が開発した栄《さかえ》エンジンは、「それまでシリンダーの数が九気筒だったものを、いっきょに十四に増やし、しかも燃料消費率の小さい、大航続力、大出力をもった画期的な高性能エンジンであった。

それだけに、その開発にはいろいろな困難がつきまとった。まず、各シンリンダーに等しく燃料をおくりこまねばならなかった。それまでのエンジンでは、この燃料分配にむらができ、それがためにトラブルがおこったりしていた。

この問題は、空気取入口の改良、排気温度計の採用によって解決できた。

つづいて立ちはだかったのが燃料消費率の低減だった。すでに定評のあった〝寿〟エンジンをベースにして改良した、ほぼ理想にちかい燃焼室、汚れや熱に強く、高圧でノッキングをおこすことのない優良プラグの開発によって、一馬力あたり百八十グラムという、驚異的な燃料消費率をだしたのであった」

この栄エンジンの設計開発に関わった松崎敏彦氏（海軍技術少佐）は回想録で、「そのころの私には、用兵者がなぜ不可能と思われるほどの好燃費率を要求したのか、まったく理解できなかった。しかし、その後、〝栄〟の改良型を装備した零戦とともに、激戦場のラバウルへ飛んだとき、たまたまガダルカナルの攻撃をおえた零戦一機が、全身傷だらけになりながらも着陸してくるのを目撃した。

パイロットは坂井三郎飛曹長だった。彼はガ島上空で負傷し、ほとんど失明にちかい状態であったが、精神力をふりしぼって往復二千キロにわたる大飛行をやりとげたのであった。零戦の驚くべき航続力が、命を救ってくれたのだ、という坂井飛曹長の話を聞いたとき、いままでの苦労がすべて報われたように思えた」と述懐している。

松崎氏は、この中で語っていないが、実は、このとき、坂井氏の一命を救ったのが、零戦のスロットル・レバーの横に付いていた「ＡＭＣ（オート・ミックスチャー・コントロール）」という「自動混合気調整装置」だったのである。

坂井氏は、その著書で「思いきってプロペラピッチ把柄を操作してエンジンの回転を千七百回転くらいに落とし、ＡＭＣ（オート・ミックスチャー・コントロール、自動混合気調整装置）把柄を倒してエンジン不調の寸前、つまり、これ以上に燃料濃度を薄くすることができないところまで」もっていって、コンパスとにらみあわせながら、ラバウル基地まで飛び続けたと述懐している。

もし、零戦に、この装置がついていなければ、残りの胴体内の燃料タンク（九〇リッター）だけで、二時間近くも飛び続けることは不可能であったろう。

前出の野口氏によれば、このAMCの他に、「MC（ミックスチャー・コントロール）」という装置も同じ場所に付いていて、手動で燃料濃度を薄めることができたようであるが、それにしても、零戦の驚異的な航続能力の秘密が、ここにも隠されていたとは驚きである。

堀越技師は、その著書で『私が自分の口から言うのはおかしいが、たしかに、「日本人がもし一部の人の言うような模倣と小細工のみに長けた民族であったなら、あの零戦は生まれなかったと思う。当時の世界の技術の潮流に乗ることだけに終始せず、世界の中の日本の国情をよく考えて、独特の考え方、哲学のもとに設計された「日本人の血の通った飛行機」――それが零戦であった。こんなところに、零戦がいまも古くならず、語りつがれている理由があるのであろう』

と述べ、零戦は単なる外国機の模倣ではなく、日本人独特の考え方と哲学を背景にして生まれた戦闘機であることを力説している。

また、彼は、『なかには、日本の一部の学者のように、「なるほど日本には最終製品としては零戦のようなすぐれたものがあったが、基礎研究をやらずに基礎知識は先進国に頼ってばかりいた」という批判をする人もある。

私も、かなりそういう面があったことは認めるが、それは日本が航空科学の分野で完全に世界の先進国の仲間入りをしていなかったからであり、よいわるいというべき問題ではなくて、むしろ当然のことだと思う。あらゆる分野で絶対の先進国になれば、外国の知識を借りる必要はないだろうが、現実には、経済の原則からいっても、世界に先に開発した知識があればそれを借り、他の面を新しく開拓して、そこから得た知識を貸してやるほうが、人類全体のためにも賢いやり方であろう（傍線は著者）。

よい最終製品を開発する努力をし、それに必要な知識を求める過程で、新しいアイデアや、一歩奥へ踏みこんだ新しい何かを発見することが多いのである。零戦についても、このようなことが言えると思う』とも述べている。

この堀越技師の言説を裏付けるものとして、脳科学者の茂木健一郎氏（ソニーコンピューターサイエンス研究所シニアサーチャー、東京工業大学大学院連携教授）も、その著書で次のように述べている。

『「独創性」と一言でいってしまうと、何もないところから新しいものを生みだす「錬金術」のようなイメージがあります。しかし、どんな天才でもゼロから生み出すことは絶対にできないのです』

では、この零戦を生みだした日本人の独創性は、どこから来ているのであろうか。

その答えは、零戦は「当時の世界の技術の潮流に乗ることだけに終始せず、世界の中の日本の国情をよく考えて、独特の考え方、哲学のもとに設計された」ものだった、という堀越氏の言説の中に隠されていると思うのである。

零戦を生みだした日本人の独創性

例えば、日本における考古学の大家、国学院大学名誉教授の樋口清之氏は、その著書で日本人の独創性について、次のように述べている。

「日本の文化は、重層的な文化である。ある時代だけを取り出して見ると、たしかに外国の強い影響が見られるが、次の時代には、それを完全に消化し、自分のものとしてしまっているのである。サル真似ではなく、新しい刺激に触発されて、別価値のものを作り出してゆくのである。……ここでは外来文化の輸入、接取の仕方を考えていくが、注目しなければならないのは、外来文化の定着、非定着ではない。外来文化によって触発された結果、日本人が、外来文化そのものでもなく、日本の伝統文化でもない第三の価値を生み出していく過程で見せる、日本人の知恵である」

この中で、樋口氏は、日本人は「新しい刺激に触発されて、別の価値のものを作り出してゆくのである」と述べているが、このことは、言い換えれば、『日本人の独創性はゼロから発想するよりは、外来のものから「触発」されて独自の改良をはじめるところに特色がある』ということであろう。

言うなれば、この「独創性」によって、明治四十二年から西欧列強の先進的な航空技術に触発された三菱重工と日本海軍航空隊が西欧列強の戦闘機にはない別の価値（第三の価値）を作り出したのが「零戦」だったというわけである。

九六式艦戦の独創性を受け継いだ零戦

この零戦の前身である「九六式艦戦がはじめて実戦にあらわれたのは昭和十二年で、上海方面の戦闘が熾烈になると同時に、その九六戦隊が編成されて上海に進出し、戦闘機による最初の南京空襲をおこなって、多大な戦果をあげたのである（とうじ九六式艦戦いがいに陸海軍いずれにも、上海より南京空襲のできる戦闘機はなかった）」

九六式艦戦は、「とうじにおいては画期的な機体であった。同機の設計製作は、従来の海軍戦闘機が、いずれも英国人の設計か、あるいは英国機のやきなおしで性能が悪かったため、九六式艦戦設計のさいは、設計者の自由な立場から、兵装その他、用兵上の要求を無視して飛行性能を第一としてつくってみようということになり、三菱に試作が命じられたのである」が、これは、当時の航空本部技術部長山本五十六少将の大英断であった。

この九六式艦戦とは、艦上戦闘機として初めて採用された全片持式低翼単葉型の単座戦闘機で、試作機の段階では九試単戦と呼ばれた。

中島飛行機との競争試作を通じて三菱重工で開発された九試単戦は、全片持式固定脚の様式で、社内飛行で早くも二四〇ノットをこす、素晴らしい性能を示したが、「もちろんこの試作機が、九六式艦上戦闘機として制式に採用されるまでには、数多くの技術的問題を克服しなければならなかった。

操縦性の安定性、バルーニング対策、兵装艤装の改善、適当な発動機の選択、着艦視界対策などと、枚挙にいとまもないほどである。そして九試単戦の最高速二四三ノットも、実用機として最終型の九六式四号艦戦では、二三三・五ノットていどに落ち着かざるをえなかった」が、「海軍のねらいは、官民両者の協力とともに、みごとに当たったものといえよう」

まだ試作段階だった九試艦戦の二号機につけたのが昭和二年に、三菱の風洞試験主任の野田哲夫技師が発明した翼後縁を下方に開く「開き翼式フラップ」であった。

このフラップは国内特許を取っていたが、「飛行機の空力的洗練の低い時代のことで、その効用は設計側にあまり高く評価支持する人はなかった。ところが、その後五、六年でアメリカが独自におなじ原理のフラップをさかんに実用機に使いはじめ、アメリカから世界にひろく行きわたった」のである。

その翌年に、「三菱は八九式艦攻につけられた主翼前縁スラットの特許を、ハンドレーページ社から約六十万円で買わされ、石川島飛行機は日本の陸軍機に使うために、別に何十万円かを同じ特許に払わされた」のだが、実は「開き翼式フラップは前縁スラットよりも、何倍層も広く世界的に使われた」のである。

八年前に、野田技師が国内特許を出願したとき、外国にも特許出願をしていれば、特許料を世界中から取れたことは間違いないだろう。

その他に、九六式艦戦には、世界で初めて戦闘機の空戦性能向上の目的で、先に述べた「翼端捩り下げ」という独特な方法を採用したことは注目していいだろう。「先細翼が高い迎え角で、断面の最大揚力の係数をフルに使うまえに翼端失速をおこすことは、ドイツのユンカース社が実地に発見し、その特徴とする全軽合金製低翼単葉機の着陸性能を改善するためにまえから採用していた」が、堀越技師は「その知識の一応用に着眼したのである」

この「翼端捩り下げ」を採用したことで、「空戦性能と着艦操縦性に文句をつける人はいなくなった」

その他に、九六式艦戦では、空気抵抗を減らすため世界で初めて機体全表面に「沈頭鋲」という新式の鋲を使ったり、翼を金属張りにして断面を薄くしたりしている。

「機体の外板から出っ張りをなくし、空気抵抗を減らして性能向上をはかること、それだけならごく常識的な考えだが」、堀越技師は、「この沈頭鋲にさらなる意味を持たせようと考えた」のである。

『そのころ、速度向上策として引込脚が大型機から小型機に普及しかけていたが、これは重量と工数（工作の手間）が余計にかかる。しかし、沈頭鋲は工数はかかるが、重量増加はないはずだ、馬力の小さいエンジンを使わなければならない宿命を負った日本としては、小型機、特にこれから単葉化する戦闘機は沈頭鋲を採用すべきだ。それに前作の七試艦戦の見苦しさと反対に、できる限り機体をスマートに、表面を美しく見えるようにしたかった。

あれこれ考えているうちに、ユンカース式からヒントを得て三菱の海軍機体工作課の平山広次技師が考案した「平山鋲」を使うことにし、翼型は後縁が少し反ったM6を採用した。その後、このリベットは三菱の九六陸攻（海）、九七司偵（陸）をはじめとして日本の機体のほとんどすべてに使われるようになった。しばらくして外国にも行き渡ったが、沈頭鋲は日本から外国に流れた数少ない先進技術の一つであるといえよう』

こうして沈頭鋲を使った九六式艦戦が制式採用されたとき、まだ『アメリカもイギリスも「艦戦は複葉」という古い殻に閉じこもっていた。しかし彼等を「旧套墨守《きゅうとうぼくしゅ》」とけなすなかれ、それが世界の航空界の常識だったのである』

こうして、九六式艦戦で一挙に世界的水準に追いついた日本海軍は、「昭和十二年から、世界一の艦戦を使いはじめ、独特の長大な行動力をもつ陸上攻撃機をもち、他の機種も両機に追従して世界的水準を行く機運となってきた。

戦闘機の比較をもう少し立ち入ってみれば、日本が単葉全金属の九六式艦戦の時代には、アメリカは複葉引込み脚のF3F、われわれが零戦の時代には、彼は初めての単葉全金属のF4Fで」、「保守的なイギリスはアメリカよりさらにおくれて、単葉全金属の艦戦〝シーファイア〟を使いはじめた」という具合であった。

言うならば、日本は、大東亜戦争の途中まで戦闘機の設計技術と操縦用兵術で、世界の頂点に達していたといってよいのである。

こうして、日本は、九六式艦戦の設計技術を土台にして、さらにそれを発展させ、遂に西欧列強の戦闘機に負けない「零戦」という別の価値（第三の価値）を作り出すことに成功するのである。

零戦とは何だったのか

こうしたプロセスを経て誕生した零戦は、単に技術の上に積み上げられて完成したものではなく、「当時の世界の技術の潮流に乗ることだけに終始せず、世界の中の日本の国情をよく考えて、独特の考え方、哲学のもとに設計された」戦闘機であったわけであり、また零戦には信じられないような航続能力があったからこそ、日本軍は緒戦において、「東はハワイ、西はインド洋の東半、北はアリューシャン、南はオーストラリアに至る広大な舞台を制圧」できたわけである。

言うなれば、明治四十二年以来、先人が築き上げてきた土台を基に誕生した零戦は、「精緻な操縦技術と、従来の戦闘機よりもはるかに長大な行動力を利用した敵地上空まで含む広域制空権の構想実施により、世界に先がけた新用兵術を確立」させたことによって、アジアの解放と独立を促進させた戦闘機だったと言えるだろう。

では、零戦が日本と世界に残した遺産とは何であろうか。

次に、零戦が日本と世界に残した技術的、歴史的な遺産を中心に、この問題を見てみよう。

「夢の超特急」東海道新幹線に受け継がれた零戦の技術

昭和二十年八月十五日、日本政府が連合国に降伏すると、日本の航空機の開発や製造は、アメリカ占領軍のGHQ（連合国軍最高司令官総司令部）によって禁止され、日本にあった飛行機という飛行機は全て廃棄された。

このため、「それまで陸海軍の研究機関や軍需産業に従事していた多くの技術者たちが他の一般産業分野に流れこみ、戦後日本の産業振興に大きく貢献した」ことは、あまり知られていない。

この一般産業分野に流れこんだ技術移転の範囲も極めて多岐にわたっており、例えば、現在の自動車とオートバイのメーカーである三菱自動車、富士重工、川崎重工のエンジンには、戦前の三菱重工、中島飛行機、川崎航空機のレシプロ・エンジンの技術が応用されていると言われている。

また現在、世界でもっとも注目されている高速鉄道の嚆矢である「夢の超特急」東海道新幹線の画期的な技術開発にも、かつて航空産業で培われた技術が受け継がれていると言われている。

明治以来、日本における鉄道の線路の幅は、安定性のある広軌よりも低コストで線路を延長できる狭軌（一四三五ミリ）の方が採用されていたが、列車の速度を上げていくと、蛇行動とよばれる横振動を起こす性質があり、この原因はレールの歪みによるもので、この解決なくしては新幹線の実用化はありえないと言われていた。

著者は、本書の第一部の第三章で、十二試艦戦のテスト飛行中に発生した「フラッター問題」を取り上げたが、この問題を解決した元海軍航空廠飛行機部の松平精技師は戦後、鉄道技術研究所（現鉄道総合技術研究所）に入ると、主に、この「振動問題」の研究に取り組んで、頻発する鉄道脱線事故が、かつてフラッターを起こした零戦の経験から、狭軌の列車がスピードを上げたときに起こる振動に原因があることを突き止め、この解決を最重要課題として強く主張するのだが、彼の提案は研究所の生え抜きの鉄道技術者からことごとく否定された。

その突破口となるのが、昭和三十二年五月三十日に、東京・銀座の山葉ホールで開催された

「鉄道技術研究所創立五十周年記念講演会」であった。

松平氏は、立ち見が出るほど満席となった講演会の会場で、「車体の振動を吸収する台車を作る」ことによって、この振動問題は解決することを主張した。

この講演会が大成功に終わって、会場での熱気が全国に広がっていくと、噂を聞いた国鉄総裁の十河《そごう》信二は、講演内容を説明するように依頼してきた。そこで、空気抵抗を研究している車両構造グループのリーダー、三木忠直（元海軍の陸上爆撃機「銀河」の設計主任）が、十河総裁の面前で高速列車の実現性を力説すると、新幹線プロジェクトに予算がつくことになり、ようやく新幹線開発に取り組むことになった。

昭和三十四年四月二十日に、新幹線起工式がとり行われた後、三年後にモデル線の公式試運転が開始された。松平の研究グループは、「実験データーをもとに架線やレール、台車などを改良していく作業」を繰り返した後、昭和三十八年三月三十日、速度向上試験の最終テストを実施することになった。「半年にわたって行われてきた試験走行もいよいよ時速二五〇キロの壁に挑む時がきた」のである。

午前九時四十分、試験列車は、静かに神奈川県鴨宮に設けられたテストコース（全長三十二キロ）を動き出した。「出足はすこぶる順調だった。速度は徐々に増していった。さらに速度が上がった」「速度は二〇〇キロを越え、今や二二〇キロに達した。二三〇キロ、二四〇キロ……あとわずかで時速二五〇キロ」に達する。「その時、車両に異様な揺れが起こった。モニター画面は車輪を映していた。車輪は蛇行動を起こしかけていた」

同乗する松平氏は、「ピクリとも動かなかった。時速二四六キロ……速度を告げる車内アナウンスが流れた——。二四八……時速二五〇キロ……ついに速度は目標とする二五〇キロに達した。不気味な振動もなく、列車は安定して走り続けた」

だが、そのとき、「運転手の井之上隆は安全に減速してテストコースの車止めのはるか手前で停止しようとした」

「井之上が速度調整のノッチに手をかけた」とき、総指揮の大塚がその手を押さえて言った。

「まだだ走れッ！」

「九時四十六分——速度計は世界最高記録の時速二五六キロを指し示した。制動距離ギリギリの位置での記録」であった。

こうして、昭和三十九年十月一日、「無謀とも思われたわずか五年の開発・工事期間を経て東海道新幹線は、当初の計画通り開業」するのである。

かつて、真珠湾攻撃に参加した第一次攻撃隊第二制空隊長の志賀淑雄氏（海軍少佐）は、「零戦が飛んだのは、設計者の堀越二郎さんはもちろんだけど、実験段階においては松平さんのおかげです。この人が振動問題を解決してくれたから、われわれが安心して戦えたのです」と述べているが、これは新幹線も同じことで、松平氏が鉄道の振動問題を解決したからこそ、世紀の新幹線が誕生したのである。

こうして、「零戦での苦労は、実に二十数年後になって、新幹線で報いられたといえるのである」

松平氏は、その手記で「海軍にはいると、次から次へと新しい飛行機が出てきて、それぞれのよさはありましたが、零戦というのは技術者から見てもすばらしい飛行機だったと思います」と述べているように、松平氏とそのグループが開発した日本の新幹線が世界中に普及すればするほど、零戦の技術が日本だけなく、世界の至る所で生かされているということを意味するのであり、言うならば、「いまや零戦は、日本の〝零戦〟ではなく、世界の〝ゼロ〟」であると言っても過言ではないのである。

零戦が世界に残した歴史的な遺産とは何か

これまで著書は、零戦が日本と世界に残した技術的な遺産について見てきたが、それに加えて、ここで零戦が世界に残した歴史的な遺産とは何かを考えてみたいと思う。

それは、本書の第二部の第四章で考察した「大東亜戦争で零戦が果たした世界史的な意義」についてである。

先に述べたように、零戦には信じられないような航続能力があったからこそ、日本軍は緒戦において、「東はハワイ、西はインド洋の東半、北はアリューシャン、南はオーストラリアに至る広大な舞台を制圧」できたわけであるが、これによって、日本軍が東南アジアの全域を西欧列強の植民地支配から解放した後、東南アジアの各地に独立義勇軍を結成して軍事訓練を施し、敗戦後に展開された「第二次大東亜戦争」ともいうべき、アジア諸国の民族解放戦争と民族独立運動に契機を与えていくことができたわけである。

前出の英国の歴史家アーノルド・J・トインビーの言説を見てもわかるように、言い換えれば、このことは、日本軍が西欧列強による「侵略の世界史」を転換させる上で、大きな役割を果たしたことを意味するのである。

これこそが、零戦が世界に残した歴史的な遺産であると言ってもいいだろう。

世界遺産としての零戦

今年の六月二十二日、日本国内最高峰の富士山がユネスコ（国連教育科学文化機関）の世界遺産に登録された。現在、ユネスコは、「世界遺産条約」によって「顕著な普遍的価値」をもつ物件として、文化遺産（「顕著な普遍的価値をもつ建築物や遺跡など」）、自然遺産（「顕著な普遍的価値をもつ地形や生物、景観などをもつ地域」）および複合遺産（「文化と自然の両方について、顕著な普遍的価値を兼ね備えるもの」）の三種類を人類が共有すべき世界遺産としてあげているが、そこで認められている遺産とは、あくまでも物質的な遺産であって、精神的、技術的な遺産というものは認めていない。

だが、先に述べた新幹線の例を見てもわかるように、零戦の技術は日本だけではなく、世界のいたるところで生かされているわけであるから、零戦は技術的、かつ歴史的な世界遺産でもあると言っても過言ではないと思うのである。

おわりに

本書は、ハート出版から刊行されている「世界が語るシリーズ」の第三弾である。

著者は、現在の日本が戦後六十八年もの時間が経過する中で、正しい歴史認識を持った戦中派の国民が年々少なくなる一方で、「大東亜戦争の真実」を封印したわが国の歴史教育の影響によって誤った歴史認識を持った国民が増えるという、大きな転換点に差しかかっていると思っている。

もし、ここで、わが国の歴史教科書の誤りを正さずに放置したまま、大東亜戦争の真実を後世に伝えなければ、日本がますます誤った方向に進んでしまうのではないかと憂慮するのである。

そこで、出版社の編集スタッフからの勧めもあって、今度は、「世界から見た零戦」について執筆することになったのである。

著者は昨年に、ハート出版から上梓した拙著『世界が語る大東亜戦争と東京裁判――アジア・

西欧諸国の指導者・識者たちの名言集』の中で、戦後、アジア諸国が次々と独立していった背景には、大戦中、主に陸軍中野学校出身者たちで構成された日本陸軍の特務機関が、東南アジアで現地人から成る様々な独立義勇軍を結成して、彼らに武器を与え、戦い方や敢闘精神を教えるなど、独立の援助があったことをあげたが、これはある一面で真実であることは確かである。

だが、零戦の関係資料を集めながら調べていくうちに、著者は、それだけでは大東亜戦争を語ることはできないことに気がついたのである。

それは、本書でも述べたように「大東亜戦争とは零戦の性能に依存して戦われた戦争である」ということである。

日本は昭和十六年十二月八日に、自存自衛と大東亜共栄圏の理想を実現するべく、日本を戦争に追い込んだ西欧列強に立ち向かったが、日本軍が緒戦において、「東はハワイ、西はインド洋の東半、北はアリューシャン、南はオーストラリアに至る広大な舞台を制圧」できたのは、まさに信じられないような航続能力を持った零戦があったからである。

だからこそ、日本軍は、アジア諸国を西欧列強の植民地支配から解放して、アジア諸国を独立に導いていくことができたと思うのである。

前出の奥宮氏も、その著書で第一段作戦の成功として、

「もし、零戦が、当初から、防御を重視して作られていたら、高速や長大な航続力を得られず、

第一段作戦のような見事な戦果をあげることはできなかったであろう」と、零戦の航続力の重要性を取り上げて説明している。

著者は、わずか千馬力のエンジンを積んだ戦闘機が大東亜戦争の「さまざまな場面の戦局の推移に及ぼした影響を思うとき、その歴史的意義を無視することはできない」のである。

零戦を研究する中で、その歴史的意義や遺産を発見できたことは、著者にとって最大の収穫であったと思っているが、このことが従来の技術を中心とする「零戦論」にはない、新たな「零戦論」を構築する上で、重要な指針となっていることは、言うまでもないのである。

また著者は、本書の中で日本人の独創性についても考察したが、零戦や新幹線だけではなく、それ以外にも、日本人の独創的な発明や発見が国際標準となっている例は数多くある。

例えば、自動車のエアバッグ、非常口のマーク、乾電池、点字ブロック、使い捨てカイロ、カメラ付き携帯電話、お財布携帯電話、自動焦点カメラ、タッチパネル、シュレッダー（裁断機）、内視鏡などの発明や、iPS細胞、青色ダイオード、くらげの発光タンパクなどの発見は、日本人の独創性の一部に過ぎないが、アメリカに次ぐ、日本人のノーベル賞受賞者の数を見ても、日本人の独創性がいかに人類の発展と福祉に貢献しているかがわかるだろう。

また著者は、本書でも零戦を讃えた世界の人々の言葉を取り上げて紹介したが、堀越技師は、零戦がいつまでも日本と世界の人々の心の中に生き続けている理由として、「かつて、海軍航空本部で戦闘機の技術面を担当した故巌谷英一技術中佐」の言説を引用して、

「敗戦によってすべてを失った日本国民に対して、外国人のなかに今日なお畏敬の念が残っているとすれば、それは二大洋の空をおおうて活躍した零戦を作りだし、これを駆使しえた能力であろう」

と述べているが、著者は、これだけをもって零戦を語ってはならないと思うのである。

当時の厳しい国際情勢の中で、「日本人の創意と不断の努力が、みごとに結晶した」零戦の真価は、先に述べたアジア諸国の指導者と識者たちが大東亜戦争を讃えているように、その驚異的な性能を駆使して西欧列強の植民地支配からアジアを解放することに大きく貢献したことにあると思うからである。

だが、当時の日本海軍の用兵者や堀越技師たちは、零戦が戦後のアジア諸国の独立に大きく貢献することになるとは、最初から想定していなかったに違いない。

ところで、今年の九月十五日に、靖国神社において「NPO法人零戦の会」主催による「平成二十五年度定例行事、慰霊祭、総会および懇親会」がしめやかに行われた。当会の前身である「零戦搭乗員の会」は、昭和四十七年に発足した元日本海軍零戦搭乗員からなる組織である

が、会員の高齢化にともない平成十四年に解散した。

しかし、零戦を愛する若い世代によって、当会が継承されると、さらに新たな活動目的（「零戦搭乗員戦没者、物故者等に対する慰霊顕彰と、会員相互の親睦、協力ならびに次世代に海軍戦闘機隊の歴史を伝承すること」）が作られ、毎年九月の第二日曜日には若い世代と元零戦搭乗員たちが靖国神社に参集して慰霊顕彰と親睦を重ねている。

著者は、今回、初めて「零戦の会」の集会に参加したが、そこで知り合った元零戦搭乗員の長田利平氏（元二〇三海軍航空隊所属）、岩倉勇氏（元二〇五海軍航空隊所属）ならびに堺周一氏（同上）の方々から、零戦にまつわる貴重な体験談を拝聴した。また当会の一般会員からも貴重な情報を賜った。ここに記してお礼にかえたい。

著者は、当会が戦後から今日までの長い間に、失われた日本人の自信と誇りを取り戻すために、「侵略の世界史」を転換させた「大東亜戦争で大きな役割を果たした零戦」の功績を、後世に伝える組織として、今後も活躍することを願うばかりである。

「零戦の会」の集会に参加してから二日経った九月十七日に、著者は、本書の取材を兼ねて日本海軍航空隊と予科練の発祥の地である神奈川県横須賀市の追浜町を訪ねた。

この追浜の地に誕生した日本海軍航空隊の最初の部隊である横須賀海軍航空隊に、昭和五年六月一日に入隊したのが予科練の第一期生（後の乙種飛行予科練習生）であった。

追浜駅から東に約二キロ離れた「貝山緑地」（現横須賀市浦郷町五丁目）の高台に向かう斜面には、これを記念して昭和五十六年六月一日に建立された「予科練誕生の地」の記念碑と、甲飛予科練の「鎮魂の碑」がひっそりとたたずんでいた。

また、もとは追浜神社があった高台の頂上にある展望台からは、自衛隊の艦船などが行き交う東京湾と横須賀港が眺望でき、日本海軍の往時を偲ぶことができた。しかし、今は誰も訪れることもないこの地で、「侵略の世界史」を転換させた大東亜戦争で大きな役割を果たした日本海軍航空隊と予科練が誕生したことを知る者は、今の時代にはごくわずかである。

著者は、今回の取材旅行を通じて日本が歩んできた歴史を、もう一度見詰め直し、明治から昭和前半にかけて十五世紀から始まる「侵略の世界史」に挑んだ父祖たちの功績を自信と誇りをもって後世に語り継いでいかなければならないことを痛感した。

平成二十五年九月二十日

著者記す

引用・参考文献一覧

アイラ・C・ケプフォード／森茂訳「コルセアVSゼロ　ソロモン上空の激闘」（『丸　零戦と烈風』第五十一集、潮書房、昭和五十二年新春二月号所収）

秋本実「〝零戦〟でかちえた日本航空技術の燦然たる栄光」（『丸』潮書房、昭和三十八年十一月特大号所収）

秋本実『不滅の名機「零式艦上戦闘機」型別メカ＆戦歴調査』（『丸』潮書房、平成十年五月号所収）

『朝日新聞』昭和十五年九月十四日付

『朝日新聞』昭和二十年七月十一日付

『朝日新聞』（朝刊）昭和二十年七月三十一日付

朝日新聞社／宇野博『世界の翼・別冊　航空七〇年史‐1　ライト兄弟から零戦まで　一九〇〇〜一九四〇』朝日新聞社、昭和四十五年

A・J・バーカー／中野五郎訳『パールハーバー〈〃われ奇襲に成功せり〃〉』サンケイ新聞社出版局、昭和四十六年
安部正治「愛機との抱擁」（柳田邦男／豊田穣他『零戦よもやま物語』光人社、昭和五十七年）
阿部章三「名機を生んだ名機九六艦戦その誕生の背景」（『丸』潮書房、昭和三十八年十一月特大号所収）
安部安次郎「真珠湾攻撃」（柳田邦男／豊田穣他『零戦よもやま物語』光人社、昭和五十七年）
安東亜音人『帝国陸海軍軍用機ガイド　一九一〇～一九四五』新紀元社、平成六年
碇義朗「わが回想の零戦」（『丸』潮書房、平成二十四年二月号所収）
碇義朗『本当にゼロ戦は名機だったのか』光人社NF文庫、平成二十三年
ウイリァム・ポール／神田清訳「スピットファイヤーの操縦士が見た零戦の真価」（『丸』潮書房、昭和三十四年七月号所収）
江畑謙介／鎌田伸一／清水政彦／戸高一成／秦郁彦／半藤一利／兵頭二十八／福田和也／前間孝則『零戦と戦艦大和』文藝春秋、平成二十年
奥宮正武『真実の太平洋戦争』PHP文庫、平成元年
奥宮正武『太平洋戦史の読み方』東洋経済新報社、平成五年
奥宮正武「連合艦隊の航空作戦」（『別冊歴史読本　特集　連合艦隊かく戦えり』新人物往来社、昭和六十一年夏季特別号所収）
加藤浩『神雷部隊始末記——人間爆弾「桜花」特攻全記録』学研パブリッシング、平成二十一年

木村源三郎「ゼロ戦かコルセアか　零戦とライバルの最新のムカシ話」(『丸』潮書房、昭和三十五年二月号所収)
木村源三郎「零戦に挑戦したライバルたち」(『丸』潮書房、昭和三十八年二月特大号所収)
クリエイティブ・スイート編『ゼロ戦の秘密——驚異の性能から伝説の名勝負まで』PHP文庫、平成二十一年
桑原虎雄／前田孝成／宮川義平／木村健二／永石正孝／深水豊治／野村了介「大海軍航空隊創設から三十余年の戦史」(『丸』第二集、潮書房、昭和三十二年所収)
月刊誌「丸」編集部監修「特集画報　日米海軍戦闘機発達史　ファルマン、カーチスから太平洋戦争の秘密機まで」(『丸』潮書房、昭和三十八年十一月特大号所収)
月刊誌「丸」編集部「外誌に見る零戦戦記　米空軍を翻弄した〝ZERO〟」(『丸』潮書房、昭和三十五年二月号所収)
月刊誌「丸」編集部監修「なんでもお答えする零戦・大和コーナー」(『丸』潮書房、昭和三十八年六月特大号所収)
月刊誌「丸」編集部監修『名機零戦写真集　付・ゼロ戦の秘密がなんでもわかる零戦事典』(『丸』潮書房、昭和三十八年四月特大号)
月刊誌「丸」編集部監修『零戦百科事典』光人社NF文庫、平成十六年
月刊誌「丸」編集部監修「零戦が開拓した技術上の新境地」(『丸』潮書房、昭和三十六年二月号所収)
源田実『海軍航空隊始末記』文春文庫、平成九年
源田実「零戦と私とロッキード」(『丸』潮書房、昭和三十五年二月号所収)

源田実「零戦が主役の太平洋戦争」(『丸』潮書房、昭和三十六年二月号所収)
航空ファン編集部監修『零戦の秘密――堀越二郎の作った名機「零戦」をもっとよく知るために』ワールドフォトプレス、平成二十五年
神立尚紀『零戦　最後の証言　海軍戦闘機と共に生きた男たちの肖像』光人社、平成十一年
小高正稔「日本の空母興亡史」(『丸』潮書房、平成二十四年二月号別冊付録)
小橋良夫『太平洋　日本の秘密兵器(海軍編)』池田書店、昭和五十一年
小福田晧文『零戦開発物語――日本海軍戦闘機全機種の生涯』光人社、昭和六十年
ゴードン・W・プランゲ/千早政隆訳『トラ　トラ　トラ――太平洋戦争はこうして始まった』リーダーズ・ダイジェスト社、昭和四十五年
坂井三郎『大空のサムライ――かえらざる零戦隊』光人社、昭和四十二年
坂井三郎『続・大空のサムライ――回想のエースたち』光人社、昭和四十五年
坂井三郎『零戦の最期』講談社、平成七年
坂井三郎「ゼロ戦は果たして悪魔の申し子か」(『丸』潮書房、昭和三十六年六月号所収)
坂井三郎「私はこうして敵64機を撃墜した」(『丸　烈風と零戦』第五十一集、潮書房、昭和五十二年新春二月号)
サミュエル・E・モリソン/大谷内一夫訳『モリソンの太平洋海戦史』光人社、平成十五年
志賀淑雄「ハワイ・マレー沖海戦秘話」(『丸』潮書房、昭和三十一年四月号特集第一号所収)

清水馨一郎『侵略の世界史』祥伝社黄金文庫、平成十五年
清水馨一郎『大東亜戦争の正体』祥伝社、平成十八年
清水政彦『零式艦上戦闘機』新潮社、平成二十一年
ジョン・M・フォスター／菊地晟訳『私は零戦と戦った』大日本絵画、平成六年
周防元成「スターの座」（柳田邦男／豊田穣他『零戦よもやま物語』光人社、昭和五十七年）
鈴木亨編『歴史と旅　特別増刊号45　帝国海軍提督総覧』秋田書店、平成二年
鈴木順二郎「日本航空界を乱打した名機誕生の暁鐘」（『丸』潮書房、昭和三十八年二月特大号所収）
「零戦小百科Q&A50」（『丸　戦史と旅』潮書房、平成九年三月別冊所収）
零戦搭乗員会編『零戦、かく戦えり！』文春ネスコ、平成十六年
全国歴史教育研究協議会編『世界史B用語集（新課程用）』山川出版社、平成十六年
太平洋戦争研究会編『これだけ読めばよくわかる「ゼロ戦」の秘密』世界文化社、平成二十一年
太平洋戦争研究会編『太平洋戦争主要戦闘事典』ＰＨＰ文庫、平成十七年
高仲顕「九六式艦戦成功の陰に」（学研「歴史群像」編集部『零式艦上戦闘機』平成八年、学習研究社）
高橋伸幸編『別冊歴史人　零戦の真実』ＫＫベストセラーズ、平成二十四年
田中悦太郎『ゼロ戦隊、発進せよ〈米海軍恐怖の戦闘機〉』サンケイ新聞社出版局、昭和五十一年
チェスター・W・ニミッツ／E・B・ポッター／実松譲／冨永謙吾共訳『ニミッツの太平洋海戦史』恒文社、

昭和四十一年
辻俊彦『零戦　アメリカ人はどう見たか』芸立出版、平成十七年
NHK「プロジェクトX」制作班編「執念が生んだ新幹線」『コミック版　プロジェクトX　挑戦者たち②』日本放送出版協会、平成十三年
NHK「プロジェクトX」制作班編「執念が生んだ新幹線～老友90歳・飛行機が姿を変えた」『プロジェクトX　挑戦者たち2　復活への舞台裏』日本放送出版協会、平成十二年
永石正孝「日本海軍航空隊の歩み」(『丸』潮書房、昭和三十二年第一巻第二号所収)
永石正孝「第一線航空隊が渇望した次期艦戦への期待」(『丸』潮書房、昭和三十八年二月特大号所収)
中尾純「米国で余生を送る貴重品ゼロ戦」(『丸』潮書房、昭和三十八年二月特大号所収)
中野忠次「海軍戦闘機隊零戦を得て躍動す」(『丸　烈風と零戦』第五十一集、潮書房、昭和五十二年新春二月号)
西澤尚昭編『実録戦記読本　実録　真珠湾奇襲』立風書房、平成十三年
野沢正「空中戦五千年史」(『丸』潮書房、昭和三十七年七月特大号所収)
野沢正「不世出の名艦を輩出した増艦技術の黄金時代」(『丸』潮書房、昭和三十八年十二月特大号所収)
野沢正「陸軍戦闘機黎明時代の技術体系」(『丸』潮書房、昭和三十八年八月特大号所収)
野中寿雄/安藤英彌/藤原洋/宮本勲/小室克介/古内淳/若松和樹/山下次郎『奇跡の翼　零式艦上戦闘機』イカロス出版、平成十七年

野村実「ハワイ作戦の功罪」（『別冊歴史読本　特集　運命の選択　日米開戦』新人物往来社、昭和六十一年所収）
野村了介「大空の桧舞台を零戦にゆずるまで」（『丸』潮書房、昭和三十八年二月特大号所収）
野村了介「外国の戦史に見る零戦の反響　―〝ゼロ〟の霊験に畏怖する外国戦史の判決―」（『丸』潮書房、昭和三十四年七月号所収）
野村了介「空戦思想を一変させた海軍式撃墜秘法を公開する！」（『丸』潮書房、昭和三十七年七月特大号所収）
野村了介「零戦の戦略的役割」（柳田邦男／豊田穣他『零戦よもやま物語』光人社、昭和五十七年所収）
野村了介「太平洋を独断場とした海軍戦闘機の栄光」（『丸』潮書房、昭和三十七年十二月特大号所収）
野村了介「太平洋戦争に果たした零式艦上戦闘機の役割」（『丸』潮書房、昭和三十六年二月号所収）
野村了介「日本海軍戦闘機隊の最後」（『丸』潮書房、昭和三十四年四月号所収）
原勝洋「カミカゼの嵐と戦った米艦隊の試練」（『丸』潮書房、平成十九年六月号所収）
原田要「零戦あらば鬼に金棒！　必勝の信念と、自分が日本を守るという思い」（『歴史街道』平成二十五年九月号所収）
八島理喜三「実技指導」（柳田邦男／豊田穣他『零戦よもやま物語』光人社、昭和五十七年）
樋口清之『梅干しと日本刀　日本人の知恵と独創の歴史』祥伝社、昭和四十九年
土方敏夫「危機一髪」（柳田邦男／豊田穣他『零戦よもやま物語』光人社、昭和五十七年）
平木國夫『日本のエアライン事始』成山堂、平成九年

福井静夫「日本の空母　その建艦技術上の秘密」(『丸』潮書房、昭和三十七年六月特大号所収)
福留繁「真珠湾作戦は失敗ではなかった!」(『丸』潮書房、昭和三十六年七月号所収)
藤田怡与蔵「還らなかった三機の友軍機」(『別冊歴史読本　未公開写真に見る真珠湾攻撃』新人物往来社、平成二年所収)
藤田怡与蔵「零戦が真価を発揮するとき」(『丸』潮書房、昭和三十七年九月特大号所収)
藤原洋「世界一ばかりの夢の戦闘機総覧」(『丸』潮書房、昭和三十八年十一月特大号所収)
ブライアン三世／S・E・モリソン／F・C・シャーマン「ゼロ戦に挑戦した五年間は長かった!」(『丸』潮書房、昭和三十八年五月特大号所収)
フランクリン・C・トーマス／エクター・ラルフ・ジョンソン「零戦と戦った男たち」第四回(『丸』潮書房、昭和三十二年十月号所収)
フランシス・R・ロイヤル「米ヴェテランパイロットが見た零戦と隼」(『丸』潮書房、昭和三十七年四月特大号所収)
防衛庁防衛研究所戦史室『戦史叢書　海軍航空概史』朝雲新聞社、昭和五十一年
堀越二郎／奥宮正武『零戦(日本海軍航空小史)』朝日ソノラマ、平成九年
堀越二郎「九六戦から零戦・烈風にいたる艦戦設計の秘密」(『丸』潮書房、昭和三十六年二月号所収)
堀越二郎「零戦回顧録」(『丸』第五集、潮書房、昭和四十四年五月増刊号所収)
堀越二郎『零戦——その誕生と栄光の記録』光人社、昭和四十五年

堀越二郎『零戦の遺産』光人社NF文庫、平成二十二年
堀越二郎「私が設計した零戦一万機の内訳」（『丸』潮書房、昭和三十七年二月号所収）
堀越二郎「私が設計した零戦の秘密」（『丸』潮書房、昭和三十五年二月号所収）
マーチン・ケイディン／加登川幸太郎訳『零戦〈日本海軍の栄光〉』サンケイ新聞社出版局、昭和四十六年
マーチン・ケイディン／エド・ハイモフ／斎藤博之訳「零戦に狙われたジョンソン大統領奇蹟の生還記」（『丸』潮書房、昭和三十九年五月特大号所収）
マーチン・ケーディン／中条健訳『日米航空戦史──零戦の秘密を追って』経済往来社、昭和四十二年
毎日新聞社図書編集部訳・編『太平洋戦争秘史──米戦時指導者の回想』毎日新聞社、昭和四十年
松崎敏彦「栄エンジン」（柳田邦男／豊田穣他『零戦よもやま物語』光人社、昭和五十七年）
水木新平／櫻井一郎監修『飛行機のしくみ』ナツメ社、平成十五年
茂木健一郎『脳を活かす仕事術──「わかる」を「できる」に変える』PHP研究所、平成二十年
森茂「日本戦闘機の十種競技チャンピオンを選べば」（『丸』潮書房、昭和三十七年十二月号所収）
矢吹明紀／嶋田康宏／市ヶ谷ハジメ『徹底図解　零戦のしくみ』新星出版社、平成二十三年
山本健児「沖縄特攻作戦始末期」（『丸　あゝ特攻隊』第九集、潮書房、昭和四十五年三月号所収）
横山保「三空零戦隊「比島」への第一撃」（『丸　戦史と旅』潮書房、平成九年三月別冊所収）
横山保『零戦一代　零戦隊空戦始末記』光人社NF文庫、平成六年

横山保「零戦黄金時代かくて確立す！」（『丸』潮書房、昭和三十八年二月特大号所収）
横山保「〝幻の戦闘機隊〟成都基地の殴り込み」（『丸』潮書房、昭和三十六年二月号所収）
姚峻主編『中国航空史』大象出版社、平成十年
吉本貞昭『世界が語る神風特別攻撃隊——カミカゼはなぜ世界で尊敬されるのか』ハート出版、平成二十四年
吉本貞昭『世界が語る大東戦争と東京裁判——アジア・西欧諸国の指導者・識者たちの名言集』ハート出版、平成二十四年
歴史群像編集部『日本軍艦発達史』学習研究社、平成十七年
ロナルド・ハイファーマン／板井文也訳『日中航空決戦〈「零戦」「隼」対「フライング・タイガーズ」〉』サンケイ新聞社出版局、昭和四十八年
ロバート・C・ミケシュ／渡辺洋二『零戦』河出書房新社、昭和五十七年
和田秀穂「ファルマンでえがいた生きた海軍航空史」（『丸』潮書房、昭和三十七年六月特大号所収）
W・D・モンド「憎いあンちくしょう〝零戦〟青い眼の報告書」（『丸』潮書房、昭和三十八年五月特大号所収）

◇著者◇
吉本 貞昭（よしもと・さだあき）
昭和34年生まれ。国立大学の大学院を修了後、中国留学を経て、現在は大学の研究機関に在籍。専門分野の中国研究の他に、大東亜戦争の、開戦と終戦原因、特攻の戦果、東京裁判と日本国憲法の検閲について研究している。約10年にわたり高等学校で世界史などを担当。昭和20年9月14日に、東京・市ヶ谷台上で割腹自決した陸軍大将吉本貞一は、親類にあたる。著書に『世界が語る大東亜戦争と東京裁判』『世界が語る神風特別攻撃隊』『東京裁判を批判したマッカーサー元帥の謎と真実』『日本とアジアの大東亜戦争（ジュニア向け）』（ハート出版）がある。
著書のホームページ（http://s-yoshimoto.sakura.ne.jp/）

表画：吉原幹也（http://www1.kamakuranet.ne.jp/mad/）

世界が語る零戦

平成25年11月28日　　第1刷発行

著　者　吉本貞昭
装　幀　神崎夢現
発行者　日高裕明
発　行　株式会社ハート出版
〒171-0014 東京都豊島区池袋3-9-23
TEL03-3590-6077 FAX03-3590-6078
ハート出版ホームページ http://www.810.co.jp

ISBN978-4-89295-967-7
印刷・製本 中央精版印刷株式会社

吉本貞昭の本

世界が語る大東亜戦争と東京裁判

アジア・西欧諸国の指導者・識者たちの名言集

東條英機元首相の孫娘、東條由布子氏推薦。
今こそ、日本人の誇りと自信を取り戻すために。

吉本貞昭 著　〈日本図書館協会選定図書〉
ISBN978-4-89295-910-3　本体 1600 円

世界が語る神風特別攻撃隊

カミカゼはなぜ世界で尊敬されるのか

シリーズ第二弾。戦後封印された「カミカゼ」の真実を解き明かし、世界に誇る「特攻」の真の意味を問う。

吉本貞昭 著
ISBN978-4-89295-911-0　本体 1600 円

東京裁判を批判した マッカーサー元帥の謎と真実

GHQの検閲下で報じられた「東京裁判は誤り」の真相

「東京裁判は誤り」のルーツは「南北戦争」にあった。
戦後日本の「定説」を覆す、衝撃のノンフィクション。

吉本貞昭 著
ISBN978-4-89295-924-0　本体 1800 円

日本とアジアの大東亜戦争　(児童書)

侵略の世界史を変えた大東亜戦争の真実

ふりがな付き、大きな文字で図版満載の、ジュニア向け近現代史シリーズ。真実の歴史を子供たちに！

吉本貞昭 著〈小学校高学年以上向け〉
ISBN978-4-89295-965-3　本体 1400 円